「深夜」の美学

『タモリ倶楽部』
『アド街』
演出家の
モノづくりの
流儀

菅原正豊
「ハウフルス」代表取締役演出家
構成　戸部田誠（てれびのスキマ）

大和書房

まえがき

戸部田誠

『タモリ倶楽部』（テレビ朝日）、『出没！アド街ック天国』（テレビ東京）、『どっちの料理ショー』『秘密のケンミンSHOW』（日本テレビ）、『チューボーですよ！』（TBS）、『THE夜もヒッパレ』（日本テレビ）、『タモリのボキャブラ天国』（フジテレビ）……。

いずれも長く続いた・続いている人気番組だが、共通点がある。

それは「ハウフルス」という制作会社によってつくられているということだ。

だが、それだけでは説明ができない〝同じ匂い〟を感じないだろうか。

番組に漂う都会的センスと品、それに相反するように、富士山や日の出などをモチーフにしたバカバカしいほどケレン味のあるド派手なセット。そこから茶日っ気が醸し出されている。

これは一体どこから来るのか。

試しにハウフルスのホームページを覗いてみる。
すると目に飛び込んでくるのは、一度は目にしたことがあるであろう、温泉マーク
があしらわれたハウフルスのロゴマークだ。
「会社情報」を見て、「企業理念」と書かれたページを開いてみると、「ハウフルス制
作者『心得』」というのが出てくる。

- 番組制作は「サービス業」です。
- サービス業の基本は「人の喜ぶ顔を見たい」という事です。
- 番組は「商品」でなく「作品」です。
- テレビ番組は「夢」の沢山つまった「エンターテイメント」です。
- エンターテイメントの基本は「アナログ」なんです。
- 作り手は「照れ」がないと……「照れ」のない番組は恥ずかしいですよ。
- テレビ業界は「オシャレ」でありたい、な。
- 番組制作には作り手の「人格」がでます。

ハウフルス制作者「心得」

・番組制作は「サービス業」です。
・サービス業の基本は「人の喜ぶ顔を見たい」という事です。
・番組は「商品」でなく「作品」です。
・テレビ番組は「夢」の沢山つまった「エンターテイメント」です。
・エンターテイメントの基本は「アナログ」なんです。
・作り手は「照れ」がないと・・・「照れ」のない番組は恥ずかしいですよ。
・テレビ業界は「オシャレ」でありたい、な。
・番組制作には作り手の「人格」がでます。
・作り手は「美学」がないと。
・編集で一番大事なことは、収録した人、モノへの「愛」である。
・テレビは凶器になります。撮られた人間が「自分だったら」ということを
常に頭に入れて編集しましょう。
・収録後のメシと酒、これを美味しくするために本番はあります。
・テレビマンはあんまりヒトの知らない美味しい店を、最低３軒は知っておくべきである。
・人に興味のない人には、ものは作れません。
・演出にとって一番大事なことは、企画を「立体的」に見られることです。
・プロデューサーにとって一番大事なことは「戦略」です。
・「頑張ってます」って返事する奴は一生頑張っててください。
・ディレクターは取材者にカッコよく恥をかかせてあげることが大切です。
・スタッフは友達ではありません。したがっていい奴はダメな奴です。
・みんな常に仕事をしながら最低「３手先」は考えましょう。
・番組には「発明品」が必要です。
・何の根拠もありませんが、腹筋の強い人はシゴトが出来ます。
・「バカですね」は最高の「オシャレ」です。
・「くだらねー」は最高の「ホメ言葉」です。
・20歳代はなるべくなら、好きじゃない番組に携わりましょう。
・会議は戦場です。社長もADもありません、一番面白いことを考える奴が偉いのです。
・新入社員は日本中の会社の中からウチを選んでくれたのですから・・・
大事に育てないと・・・でもやめてしまう。
・忘年会が盛り上がると翌年はうまくいく。(今までは)

・・・そんなこんなで
ステキな番組を作りましょう。

スガワラ

・作り手は「美学」がないと。
・編集で一番大事なことは、収録した人、モノへの「愛」である。
・テレビは凶器になります。撮られた人間が「自分だったら」ということを常に頭に入れて編集しましょう。
・ディレクターは取材者にカッコよく恥をかかせてあげることが大切です。
・「バカですね」は最高の「オシャレ」です。
・「くだらね〜」は最高の「ホメ言葉」です。

なるほどと唸る文言が並べられているが、どこかふざけている。飄々としていて軽い。まさにハウフルスの番組そのもののようだ。

最後に「……そんなこんなでステキな番組を作りましょう。」という一言とともにナンシー関が彫った消しゴム版画の似顔絵が添えられ、「スガワラ」と署名が入っている。

この「心得」は、ハウフルスの番組制作の最高責任者であり、「代表取締役演出家」を名乗っていた会長・菅原正豊(すがわらまさとよ)によるものなのだ。

「あれが企業理念に載ってるの？　企業理念があれじゃ経営としてはマズいよねぇ」

菅原さんはそう言って茶目っ気たっぷりに笑った。そう、ハウフルス制作の番組に流れる独特なカラーは、即ち、「スガワラ色」なのだ。では、一体「スガワラ」とは一体どんな人物なのだろうか。

菅原正豊はよく笑う人だ。スタジオでもよく笑い、「ホッホホ」という独特の笑い声は、音響スタッフが「スガワラの笑い」として音源を持っているほど。

口ひげをたくわえ、見た目はダンディで洗練されている。しかし、その姿を知る人は少ない。表舞台に出ることはなく、取材を受けることも滅多にない。だから視聴者にとっては、知る人ぞ知る存在。その一方、業界内、特に番組の作り手の中に熱烈なファンが多い。

僕もハウフルスの番組が大好きだったたし、それをつくっている人に興味をひかれた。そんな折、幸運にも『新潮45』という雑誌で、菅原さんについてのルポ執筆の依頼をいただいた。もちろん、僕はそれに飛びついた。

初めて訪れるハウフルスは、麻布十番にあった。麻布十番といえば、〝セレブたちが住む街〟という先入観があったが、そんなイメージとは裏腹に、駅を出ると、すぐに商店街があり、庶民的でのどかな雰囲気が漂う。その商店街のど真ん中。とてもテレビの制作会社があるとは思えない場所に建つビルにハウフルスは入っていた。ちなみに、会社のロゴの温泉坊やのマークは、かつて麻布十番にあった「麻布十番温泉」に由来されているという。

会社がある場所がテレビ制作会社っぽくなければ、そのトップである菅原さんもテレビマンっぽくない。

少し早口なその口調は柔和で、威圧感は皆無。各局からの感謝状や、ＡＴＰ賞特別賞などの各賞の盾が並んでいるが、そんな自慢話は一切せず、「自分の話なんか……」と照れくさそうに微笑んでいる。

僕はその人柄に魅了された。

ありがたいことに、『新潮45』の仕事を終えた後も、菅原さんから声をかけていただき、戦後芸能プロダクションの始まりを追った『芸能界誕生』（新潮社）という本も一緒につくった。何度となくハウフルスに通い、その取材の合間にも菅原さんに、菅原さん自身の話を聞き、そこから出てくる驚愕のエピソードの数々にテレビっ子として胸を躍らせた。

けれど、〝菅原正豊の実像〟がわかったかというと、とてもそうは思えなかった。彼の思考の核心部分に迫ろうとすると、「それはどうだったかなあ」とか「そんなこと別に考えてないよ」などと言って「ホッホホ」と笑いはぐらかされるのだ。

菅原正豊は1967年に日本テレビの深夜番組『11PM』の学生ADとしてテレビ業界に足を踏み入れ、約50年前の1973年、広告代理店「株式会社フルハウス」を設立した。そこからテレビ番組制作部門が独立して1978年、番組制作会社「株式会社フルハウス テレビプロデュース（T.V.P）」（のちに「株式会社ハウフルス」に改称）を立ち上げた。以降、数多くの番組フォーマットを〝発明〟し、『いかすバンド天国』（TBS）でのバンドブーム、『ボキャブラ天国』での若手芸人ブームなど次々と潮流を生み出していった。

ハウフルスの社員数は約170人。制作会社としてはとんでもなく多い人数だ。それは自社制作の番組は基本的に社員だけでつくるという菅原の方針があるからだ。主要なメンバーだけを社員が担い、他の部分はフリーの人材を使うことが多い中でそうはしない。だからこそ、ハウフルス独特のカラーが維持できているのだろう。

いまやテレビ番組は制作会社抜きでは成立し得ない。ほとんどの番組は、「制作協力」のような形で複数の制作会社が役割や担当を分担してつくられている。もちろんハウフルスもそうした形で協力しているものもあるが、特異なのは、企画から収録、そして最終的な編集をしてオンエアできる状態、いわゆる「完パケ（完全パッケージ）」テープを納品するまでを一社で担当する番組を数多くつくっている点だ。冒頭にあげた番組はいずれもそんな番組なのだ。それだけ信頼が篤いということだ。

半世紀以上、この業界に生きてきたテレビマンたちの中で、彼ほどテレビを使って、テレビで遊んでいる人を他に知らない。まさに菅原正豊は「テレビの遊び人」だ。『新潮45』での執筆にあたり、関係者にも取材をしたが、数多くのハウフルスの番組で構成作家を務める海老克哉は菅原をこう評していた。

「菅原さんは『驚かせたい』が第一にある人なんだと思います。雪が積もっているときに足跡のない方に行くような、誰もやっていないことをやりたい人なんです。ずっとふざけたことを言っている高等遊民のよう。こんなことをテレビでやっていいんだというテレビの多様性を菅原さんは広げてくれた」

いま、テレビはマーケティングが行き届いた個性のない番組がほとんどだ。そんな状況の中で、ハウフルスはいまだに個性丸出し、スガワラ色あふれる番組を作り続けることができている。しかも、そのジャンルも料理、音楽、お笑い、街の情報番組……と多岐にわたっている。

菅原自身は「僕なんて時代遅れの人間だよ」などと言う。しかし、その遊びに満ちた企画力と演出術は、マーケティングがはびこった、いまの時代こそ、そのカウンターとして求められているのではないか。それは決してテレビの世界の話だけではなく、ものづくりや企画を考える際に大きなヒントになるに違いない。


その「遊びの真髄」に迫ってみたい。

そして掴もうとしてもなかなか掴めないスガワラの〝正体〟を知りたい。

そんな本を書きたいと切り出すと菅原さんは、

「今さら僕の話に興味がある人なんているんですかね？」

と言って「ホッホホ」と微笑みながら、照れくさそうに話し出した。


本書は、そんな照れ屋・菅原正豊の語りおろしに、補足を加えた上、菅原をよく知る関係者の証言を交え、照れの中に隠された菅原正豊の実像と頭の中を探ったものである。菅原は「自分の本質は〝深夜〟」だと言って憚らない。テレビにおける〝深夜〟は、かつて自由な遊び場だった。それを40年以上にわたって体現し、遊びの真髄がもっともあらわれていたと言っても過言ではない深夜番組『タモリ倶楽部』の話から幕を開けたい。

第1章

「王道」はできない、なら「脇道」を行けばいい

『タモリ倶楽部』

第2章

作り手には「照れ」がないと。

『メリー・クリスマス・ショー』

第3章

「バカですね」は最高のオシャレ、「くだらねー」は最高のホメ言葉

『いかすバンド天国』

第4章 番組は商品ではなく「作品」です

『SHOW by ショーバイ!!』『夜も一生けんめい。』『24時間テレビ』『夜もヒッパレ』

第5章

クリエイターは「オシャレ」で「粋」でありたい、な。

『出没！アド街ック天国』

第6章

作り手には「美学」がないと。『探検レストラン』

第7章

カッコいいものは、カッコ悪いんです『出没!!おもしろMAP』

第8章
エンタメの基本はアナログ&エッチです
深夜番組の隠れた名作たち

第9章

会議は戦場です。一番面白いことを考える奴が偉いのです

『チューボーですよ！』『どっちの料理ショー』『秘密のケンミンSHOW』

第10章

テレビ番組は「夢」の沢山つまったエンターテイメントです

『ボキャブラ天国』

対談

責任があるからテレるんです。

山田五郎×菅原正豊

第1章

「王道」はできない、なら「脇道」を行けばいい

『タモリ倶楽部』

ハウフルスを象徴する番組といえば『タモリ倶楽部』（テレビ朝日）。「毎度おなじみ流浪の番組」だ。

『笑っていいとも！』（フジテレビ）と同じく１９８２年10月から始まり、『いいとも！』が２０１４年３月31日に終了したあとも、変わらず放送が続けられていた。そして２０２３年３月31日深夜、実に40年あまりの歴史に幕を閉じた。番組の栄枯盛衰のサイクルが速い深夜帯で、これだけ長きにわたって愛された番組は他に例がない。

『タモリ倶楽部』とはタイトルが示す通り、同好の士が集まった「倶楽部」だった。そこに通貫していたのは「遊び心」。そこで彼らは「大人の遊び」を見せてくれた。

ブレーキやアクセルに〝遊び〟が必要なようにテレビにも〝遊び〟という余裕が必要だ。間違いなく『タモリ倶楽部』はそれを担っていた。粋な大人とは、大人げないほどに子供のような遊び心を持ち続けている人のことをいうのだと『タモリ倶楽部』は証明し続けていた。そしてその粋な大人の代表格こそタモリであり、番組を立ち上げた菅原正豊だ。

その番組の始まりは、決して歴史的な長寿番組をつくってやろうなどといった志や野心があったわけではなかったという。

「タモリで深夜をやりたい」

『タモリ倶楽部』は、僕がつくりたいと思って始まった番組じゃないんです。

1982年の春、タモリさんが所属する田辺エージェンシーの田邊昭知（たなべしょうち）社長[※1]に「ちょっと会わないか」と言われました。田邊さんは当時から威厳がありました。すごく頭が切れる人。堺正章や井上順、そしてかまやつひろしがいたザ・スパイダースのドラマーでリーダーをやっていて、ドラムさばきがすごく恰好良くて演者としてもスーパースターでした。だけど解散した後はきっぱりと辞めて裏方に徹した。その割り切りも恰好良かったですね。

その頃、田邊さんとは、時々お会いするくらいでそんなに親しいわけでもなかったけど、ある日、六本木・飯倉のイタリアンレストラン「キャンティ[※2]」に呼び出されました。

すると田邊さんは食事もそこそこに、こう切り出したんです。

「菅原、これから時代は深夜だ」

当時のテレビでは、深夜番組はまだまだ未開拓地でした。フジテレビの『オールナ

※1　1938年生まれ。芸能プロダクション「田辺エージェンシー」創設者。ザ・スパイダースのドラマーとして、堺正章らと活躍。田辺エージェンシー設立後は研ナオコ、タモリを見出す。

※2　1960年に川添浩史・梶子夫婦が創業した高級イタリアンレストラン。著名人・文化人が足繁く通い、文化サロン的側面もあった。

イトフジ』が始まって、その人気を受けてお色気番組が乱立するのが翌年の83年から。それまでは『11PM』のようなワイド番組くらいで、バラエティはほとんどやっていませんでした。なのに、「これからは深夜でもゴールデンタイムと同じような予算を取れる時代がやってくるはずだ、深夜を開拓しよう」ということだったのです。

そして田邊さんは言いました。

「タモリで深夜をやりたいんだ」

「お前にタモリを預けるから、深夜を開拓しろ」ということだったのです。

お昼の生放送『笑っていいとも!』(フジテレビ)がタモリを司会に起用して始まったのがその年の10月4日。『タモリ倶楽部』が深夜で始まったのが同じ週の10月9日でした。

あの頃、タモリは決して好感度の高いタレントではありませんでした。本人も「自分は江頭2:50みたいな存在だった」と言っているように下着一枚でイグアナのモノマネをしたり、「四ヶ国麻雀」のようなブラックジョークが入ったネタをしたりするアクの強い芸風[※3]でしたからね。それでいて、山下洋輔さんや赤塚不二夫、筒井康隆さんたちに見出されてデビューして、知性を感じさせる部分もあって、ただの「お笑い

※3　タモリはデビュー前後に通っていたバー「ジャックの豆の木」などで常連客のリクエストに応じて「四ヶ国語マージャン」などを即興で生み出し、「恐怖の密室芸」と呼ばれていた。

の人」でもなかった。やっぱりちょっと異質な人ではありました。

そのタモリに、どう出てもらうのか。

「わかりました、じゃあ、どんな番組を考えてますか？」

私がそう尋ねると、田邊さんは、表情を変えずに言いました。

「それはお前が考えるんだ」

僕に話が来たときには、テレビ朝日とは、この時間帯はタモリで何かをやるともう話はついていたようで、番組制作をハウフルス（当時はフルハウス）が担当することになったのです。田邊さんには、『タモリ倶楽部』に限らず、色々相談にのっていただいて、僕は勝手に兄貴みたいな存在だと思ってます。田邊さんがどう思っているかはわかりませんけどね。

正体不明の芸人だったタモリ

そもそもなぜこの話が僕のもとに来たかというと、おそらくテレビ朝日で『**出没!!おもしろMAP**』（1977年10月9日から1979年3月28日）をつくっていたからだと思います。

『おもしろMAP』は、「あのねのね」の清水國明と当時の奥さんのクーコが司会で、いろんな街に出没して、いろんな店やスポットを紹介していく番組でした。その中で「健康だって情報だ」と銘打って「ムキムキマン」というキャラクターをつくり、その「ムキムキマンのエンゼル体操」が大ブームになって番組もヒットしました（第7章参照）。いわゆる今で言う「街ブラ番組」みたいな街を紹介する情報番組って、それまでなかったんです。

その頃まだタモリはあの、「中洲産業大学」の教授ですからね。ヨレヨレの背広で白衣を着て髪を立てて、わけのわからない哲学的な言葉をもっともらしく語っている。だから、『いいとも』のように、普通のスーツをピシッと着て出るなんてことはなかった。アイパッチをして「ハナモゲラ語」を喋っていた時期。そのキャラクターのまま、ムキムキマンとも共演してもらってたりしていた。そんなのを見ていて、田邊さんが、「こいつに預けたらどうなるかな」って思ってくれたのかもしれません。

景山民夫が脚本を担当

番組中でもネタになっていましたけど、深夜番組はとにかく予算がないんです……。やればやるほど赤字。でもつくっていてたまらなく面白かった。

『タモリ倶楽部』は深夜の番組でどういう企画にしようかと考えて、慶應義塾大学の1年後輩で友人の**景山民夫**に声をかけて作家で入ってもらって、まずコーナーを考えました。民夫はのちに小説家として『遠い海から来たCOO』で直木賞も獲る大作家になりましたけど、当時はテレビの構成作家で、『シャボン玉ホリデー』(日本テレビ)で時々コントの台本を書いたり、『クイズダービー』(TBS)でクイズをつくったりしていました。『おもしろMAP』を一緒にやって、その流れで『タモリ倶楽部』にも参加してもらったんです。

最初につくったコーナーのひとつが**「愛のさざなみ」**という「男と女のメロドラマ」です。

当時話題になっていた若松孝二監督の映画『水のないプール』のヒロインで、僕がい、い、はまった女優の中村れい子を主演にして、番組の本編中に彼女が演じる「波子」とタモリ演じる「義一」が出会うと「波子さん!」「義一さん!」と言い合うメロドラマコメディ。「義一と波子、運命の再会であった」っていう武田広のナレーションがバカバカしく響くんですよ。「今度こそヤレる!」みたいに下心たっぷりにタモリが迫ると、当時有名だったラブホテルが移転してなくなっていたりする……。必ず何らかの邪魔が入って甘酸っぱい気持ちで去っていくっていう2〜3分のミニドラマでした。

この脚本が民夫でした。「やりたい」みたいな一般的には下品とされる言葉も民夫が書くことによってシャレた甘酸っぱい言葉になりました。民夫が書く台本は、我々の想像をいつも超えて世界を広げてくれました。バカでくだらなくてシャレた世界がそこにはありました。名作でしたね。ただ、こんなに手のかかる作家もいませんでしたよ。いつも台本は締め切りに間に合わない。だから彼の部屋の前にADを張り付かせているんだけど、それをかいくぐって民夫は消えてしまう。おかげで僕も台本を書くようになってしまった。

「廃盤アワー」というのもありました。その頃、シングル盤の廃盤レコードに高値がつく時代というのがちょっとあったんです。そこから着想を得てつくったコーナーでした。番組に構成作家として参加していて、「構成雑家」を名乗ってた佐々木勝俊を「懐かし屋店主」という肩書でコーナー司会者にして、ヒットチャート形式で「廃盤」になったレコードを紹介したんです。それで内藤洋子の『白馬のルンナ』がずっと1位になって8000円以上に高騰して、ちょっとした廃盤ブームにもなりました。

もうひとつが「SOUB TRAIN」。アメリカのダンス番組『SOUL TRAIN』[※4]のパロディですね。オープニングに総武線が出てきて毎週アフロのカツラを被ったタモリが踊りだす。それを結構手間ひまかけて撮っていましたね。初回からその3つのコーナーをつくったから、そりゃ赤字になりますよね。それに加えて、本編もあるんだから、もう時間もパンパン、お金もパンパン。でも全部面白かった。

初回の企画は、**「タモリを追え」**というモキュメンタリー(フェイク・ドキュメンタリー)でした。「ドキュメンタリー劇場 現代の顔」と題して『タモリのオールナイトニッポン』本番終了後のタモリのプライベートに密着するという体裁。これが第一回、最初から評判良かったですね。

9月29日の『オールナイトニッポン』本番終了後、隠しカメラでタモリのプライベートを追跡するという内容。だが、車に乗り込もうとするタモリは、すぐにカメラの存在に気づき「お疲れさん。わかってるよ」と微笑みかける。しかし、ナレーションは「よかった。見つかっていない」。

さらにタモリを追ってとあるクラブに入ると、そこにタモリがいるのに店員は「最近はあまりお見えにならないんですよ」と語るというシュールなものだった。

※4 1971～2006年にアメリカで放送されたダンス番組。「黒人による黒人のための番組」と銘打たれ、アフリカ系アメリカ人アーティストのライブ演奏に合わせてダンサーが踊るコーナーが人気を博した。

そのうちやっぱりコーナー一つつくるのも手間もお金もかかるから、少しずつ減らしていきました。

15年くらい後の番組500回記念のときには「再び愛のさざなみ」と題して1回限定で復活して。その頃、民夫は直木賞も獲った後で小説家として大成功していたので番組の作家は抜けていたんですけど、1回だけカムバックして脚本を書いてもらった。あれが放送作家・景山民夫との最後の仕事でした。いま思えば貴重な回になりましたね。相変わらず台本は遅れましたけど。

『タモリ倶楽部』には、他の番組では見ることができないような、「変な大人」、すなわち〝変態〟たちがたくさん登場していた。

たとえば、中村市(なごむるし)という名の空想の都市の精緻な地図を書き続ける架空地図マニア、大正時代の鉛筆削りや明治時代のホッチキスなど〝絶滅文房具〟と呼ばれる古文房具を数千点集めているコレクター、同じ辞書の版違いはもちろん、基本的にはほぼ同じ内容の刷違いまでコレクションしている辞書マニア、酷道(こくどう)マニア、団地マニア、エロ本やエロ雑誌に投稿し続けるマニア……他にも挙げだしたらキリがないほどマニアが登場した。世の中のあらゆる分野に愛好家が存在しているのだと『タモリ倶楽部』は教えてくれた。そしてそんな変態たちをタモリは肯定するのだ。

同様に、他の番組にはほとんど出ない、普段一体何をやっているかわからない〝怪しい人〟たちがキャスティングされるのもこの番組の特徴のひとつだ。「今週の五ッ星り」で「お尻評論家」として登場した山田五郎や、看板コーナーとなった「空耳アワー」の進行役「ソラミミスト」の安齋肇を筆頭に、渡辺祐、みうらじゅん、杉作J太郎などといったサブカルスターが多数誕生していった。サブカル者にとって憧れの番組であり、この番組に出ることはステータスのひとつだった。他のバラエティ番組には出ないが、『タモリ倶楽部』だけは出るという人も少なくなかった。安齋は、一度タモリに次のように言われたことがあるという。

「タレントだったらいっぱいいる、もっとできる人もいる、音楽評論家だっているけど、あんたみたいに何やっている人か分からない変な人がこういうコーナーやっているのが良いんだよ」（『Girlie』vol.07）

〝お尻評論家〟だった山田五郎

番組の名物にもなった、女性たちがお尻を振るオープニングは最初からです。お尻はね、僕、好きなんですよ。お尻だけは40年間最後まで続いた。そういう意味では、テレビ朝日にはホントに感謝してますね。あれ、今だったらたぶん放送できないですよね。よく40年、何も言われなかったなと思います。あの時に流れているBGM、THE ROYAL TEENSの『Short Shorts』もずっと同じ。あれは音効さんが探してきてくれました。タイトルも映像にぴったり、一部ではヒットしましたね。

巷ではおっぱい派とお尻派がいますよね。「おっぱいは表の文化でお尻は裏の文化」なんて言われることもありますけど、その通りで。お尻ってかわいいでしょ。秘密っぽいし味わい深いし、エロチックでドキドキしない？　おっぱいってなんかそのまんまな感じがするけど、お尻は想像力が働く。そこに惹かれます。

それで、お尻を鑑賞して、真面目に品評・採点をする「今週の五ッ星り」というコーナー（1990年11月〜1992年9月）をつくったんです。「お尻を芸術作品として見て品評する」というコンセプトが面白いんじゃないかと考えて。ちょうどTバックが流行り出していた頃でした。それで、お尻を品評する人を考えた時に、タレントにやってもらうと下品になってしまうんで、知的な人がいいと考えていたところに紹介されたのが**山田五郎**。

彼はお尻を見て「このお尻はルネッサンス後期のフィレンツェの主流ですね」とか『ゴシック』『バロック』『ポストモダン』、お尻にも時代がある」とかもっともらしいことをスラスラ言うんですよ。これは「和尻」であっちは「洋尻」とか。まさにこういうことをやりたかったんだというのを体現してくれて、ピタッとハマりましたね。

山田五郎は、まだあの頃、講談社の社員だったんです。『ホットドッグ・プレス』の編集者をやってたのかな。面白い人ですね。このコーナーをもとに『百万人のお尻学』[※5]という本を出版して大真面目にお尻をアカデミックに論じました。その後、『アド街ック天国』にも出てもらっています。何でも専門家になってしまうんですよ。頭の中、知識の宝庫ですからね。

山田五郎を菅原に紹介したのは、構成作家として番組に入っていた町山広美だった。

※5　1992年講談社より刊行。美術から女優まで世界中の「お尻」を〝学術的〟に分析。タモリが冒頭に「お尻の思ひ出」を寄稿している。

彼女は入ったばかりの上智大学を一ヵ月で退学していたが、1984年頃、19歳のときに、フルハウス（当時）に「事務職」として入社した。『タモリ倶楽部』のエンドクレジットを見て、好きな番組をつくっている会社に入りたいと思い、事務と制作の違いなどわからないまま求人に応募した。だが、「礼儀も社会人的な振る舞いもできなかった」という彼女は、試用期間中に「失格」の烙印を押されてしまう。

「もう来なくて結構ですっていうことになっていたんですけど、菅原さんの視界に『変な子がいる』というのが入ったらしくて、『事務としてはダメなら、逆に現場ならいいんじゃないか』と言ってくれて、ADとして現場に入ったんです」（町山）

その後、『愛川欽也の探検レストラン』（第6章参照）などでの資料作りが評価され、「作家のほうがいいかもしれない」との菅原の進言を受けて、菅原と同じ慶應大学出身で同番組の作家だった日野原幼紀（ようき）[※6]に「弟子」として預けられ、構成作家となった。

ハウフルスに長く在籍し、現在は取締役を務める津田誠は、

「菅原さんは面白いやつを見つけるのがうまいんです。そんなに接点がない若いスタッフでも、アンテナがビッと立つんでしょうね。『俺、あいついけると思う』って。独特の目線とセンスがあるんでしょうね」

と語る。実際に町山は今やバラエティ番組の女性構成作家として草分け的な存在と

※6　1947〜2012年。構成作家として『クイズ100人に聞きました』『探検レストラン』などを手掛ける。アルバム『螺旋時間』を発表するなどミュージシャンとしても活躍した。

なった。
「自分がいい歳になって実感しましたけど、何もわからない小娘に興味を持ってってスゴいですよね。どうしてもある程度経験を積むと、これはこうなんだよとか、つまんないねって言っちゃう。でも、菅原さんは子供のような私を拾ってくれたんです」（町山）
そんな町山が、「今週の五ッ星り」の評論家役に推薦したのが山田五郎だったのだ。
「その頃、山田五郎さんと直接の面識はなかったんですけど、共通の知り合いが多かったんです。『ホットドッグ・プレス』の編集部で聞く山田さんの話が抜群に面白いっていう噂があって、しかも美術の専門知識もある。ちょうど、えのきどいちろうさんのラジオに山田さんがゲスト出演しているのを聴いて、いいんじゃないかと思って、菅原さんに『こんな人がいるんですけど、どうですか？』って言ったら採用されて。最初の収録のときに菅原さんが満面の笑みで『いいね、最高だね！』となってコーナーのレギュラーになったんです」（町山）
やっぱり深夜の『タモリ倶楽部』ならではのキャスティングがあるんですよ。山田さんに限らず、近田春夫とか高橋幸宏とかみうらじゅんとか、普段バラエティに出ない文化系の人によく出てもらいましたね。
「今週の五ッ星り」をやっていた時期には、役者で舞踏家の麿赤兒（まろあかじ）さん※7に出てもらって「瞑想刑事（デカ）」というコーナー（1990年11月から始まった）もやってました。タモリと一緒に刑事になって、事件に遭遇すると二人で瞑想するコメディ。しばらくして麿さんに会ったら「いやいや、あれは楽しかった」って言ってましたよ。

「空耳アワー」誕生

そうこうしているうちに**「空耳アワー」**（1992年7月〜）ができたんです。
「空耳アワー」は、日本語に聞こえる洋楽の歌詞を映像にして見せる視聴者投稿コーナーですけど、最初は、僕が考えた「あなたにも音楽を」というコーナー（1992年4月〜6月）でした。「何にでもテーマ音楽をつけよう」という企画。たとえば、西郷輝彦の『星のフラメンコ』を題材に『巨人の星』の星飛雄馬（ほしひゅうま）がフラダンスやりながらメンコをやっているといったくだらない映像にするんです。あと、コーヒーにテーマ曲をつけよう、シャーペンに曲をつけようみたいに。町山広美を進行役にしました。

※7　1943年生まれ。暗黒舞踏集団・大駱駝艦主宰。俳優としてもアクの強い役柄で映画・ドラマに多数出演している。

それを段々やっていくうちに洋楽でも面白いものがある、こういう風に聞こえるんだっていうのが見つかりはじめて、そっちのほうが面白いんじゃないかってことで「空耳アワー」に切り替えた。視聴者からいっぱい投稿が来たんですよ。その熱がスゴかった。その時にパートナーも安齋肇さんに変えたんです。彼も町山広美の紹介だったんじゃないかな。山田五郎にしても安齋さんにしても、企画に人がはまるとコーナーは見事に化けるんです。そうなると社会現象まで生まれるんですよ。結局、「空耳アワー」は30年近く続きましたからね。

「空耳アワー」は、もはや説明不要なくらい『タモリ倶楽部』の代名詞になったコーナーだ。

日本語以外で歌われている曲の中の、よく聴くと日本語っぽく聴こえる部分＝空耳を視聴者から募集する。ラジオ番組などでも定番的な企画だが、それに映像をつけたというのが革新的だった。そこから「空耳俳優」などと呼ばれる常連のVTR出演者の怪優たちもあらわれるようになった。コーナーは、１９９２年7月3日から始まり、一時的な休止期間も挟みながら、２０２０年4月10日までレギュラーコーナーとして放送。その後は、不定期で放送された。

このコーナーで進行役としてタモリのパートナーを務めたのが、イラストレーターの安齋肇だった。

前身のコーナー「あなたにも音楽を」で進行役だった町山広美は、

「（空耳アワーは）タモリさんから『そう聞こえるかね？』ってダメ出しされる役回りじゃないですか。それを自分がやるのは嫌だな、誰かに押し付けられないかなって思ったんです（笑）」

と安齋肇を推薦した理由を冗談交じりに語る。

かつてフルハウスは青山一丁目にあり、六本木や霞町に歩いて行ける距離だったため、町山は毎晩のように遊び歩いていた。そこでカルチャー系の人脈が培われていった。たとえば、坂本龍一もそんな風に知り合ったひとりで、そのツテで『探検レストラン』に出てオムレツを作ってもらったりしたこともある。

そんな（テレビの）現場の外側の知り合いの中に安齋肇がいた。しかも、彼は仲間内でも「叱られキャラ」だった。

「タモリさんに『そうは言ってないだろ』って言われても『いやいや、聞こえるじゃないですかぁ』って言うのはピッタリだなって。そしたら世間の人から『ソラミミスト』なんて呼ばれるようになって。テレビって怖いですよね（笑）」（町山）

そうした町山の提案を菅原は積極的に受け入れた。無下に却下された記憶はないという。

「『この人、いいっすよ！』って舌先三寸で言う私に〝騙されて〟くれるというか。うまくいくこともありましたけどうまくいかないこともある。でも、菅原さんにしてみれば、別にダメだったら変えればいいと思っているから試す。だから積極的に提案できたんです」（町山）

だから「空耳アワー」は最初から、洋楽の歌詞が日本語に聞こえるっていうところから始まった企画ではないんです。流れ流れてそうなった。最初からそっちだったほうがカッコいいんだけどね。現実はそうじゃない。

コーナーつくるのって結構力技なんです。だから、誰にでもできるもんじゃないし、それをいかに柔軟に変えていくかというのも大事だと思いますね。

『タモリ倶楽部』はコーナーだけでなく、企画も独特だ。

番組の後期に構成作家に入った竹村武司は筆者のインタビュー[※8]で『タモリ倶楽部』を「ある意味、日本一ストライクゾーンが狭い番組」と形容している。会議でも「（主

※8 「マイナビニュース」2021年10月3日

要ターゲットの）Ｆコアの視聴率が……」などといった話が出たことは一切ないという。では何をターゲットにするのか。それは「視聴者以上に、タモリさんがいかに楽しめるかという視点で企画を考える」のだと。

トイレに行く際、パンツやズボンを下ろすだけでなく脱ぎ切るタモリらが「全日本排便時下半身むき出し連盟」を結成したり、古地図好きが集まり「こちとら会」を自称し「古地図で東京探訪」したり、ＧＰＳを持って移動した軌跡で地図上にタモリの似顔絵を描くといったバカバカしくもスケールの大きな企画もあった。「自作カセットテープ」を発掘し悶絶し、「役に立たない機械」を見て「くだらねえ」と笑った。

エロ系企画も番組終盤までしっかりあった。ＳＭグッズを格付けしたり、官能小説から曲作りに役立つ官能表現をプレゼンし合ったり、「名建築」としてラブホテルを紹介したり……と、どこかアカデミックな味付けをするのが特徴的だ。パロディ精神にあふれているから、まったく下品に感じない。

ＮＨＫの硬派なドキュメンタリー番組『プロジェクトＸ　挑戦者たち』をパロディにしてダッチワイフをつくった職人の奮闘を描いた「プロジェクトＳＥＸ　性の挑戦者たち～シリコンの女神を創った男達」（２００２年５月）ではギャラクシー賞も受賞した。

同じく2020年7月に同賞を受賞した「偶然鉄道フォトコンテスト」は、コロナ禍で外に出られないのを逆手に取り、ストリートビューを使って電車のある風景を〝撮る〟鉄道企画だった。常に低予算の制約のある中で遊んできた『タモリ倶楽部』は、コロナ禍の制約すら、遊びに変えた。タモリは、

「バカなものにある、開放的というか、日常からはみでた突飛性という得体のしれない力を楽しむ、これは知性がなければできない。どんなものでも面白がり、どんなものでも楽しめる、これには知性が絶対必要」[※9]

と語っている。

『タモリ倶楽部』はサブタイトルの「FOR THE SOPHISTICATED PEOPLE」（洗練された人たちのために）が示すとおり、まさにそんな番組だった。わけのわからないものの面白がり方を提示し、余白やムダなものを肯定していたのだ。

電話帳みたいな台本

「流浪の番組」というフレーズも景山民夫が考えて台本に入れました。スタジオを借

※9 『an・an』1984年9月21日号

テレビ朝日

タモリ倶楽部

FOR THE SOPHISTICATED PEOPLE

（#794）

「芸能界！親子丼神経衰弱！」

放送日　平成11年2月12日(金)　24:00〜24:30
収録日　平成11年1月23日(土)　10:30〜19:15

制　作　テレビ朝日
　　　　田辺エージェンシー
制作協力　ハウフルス

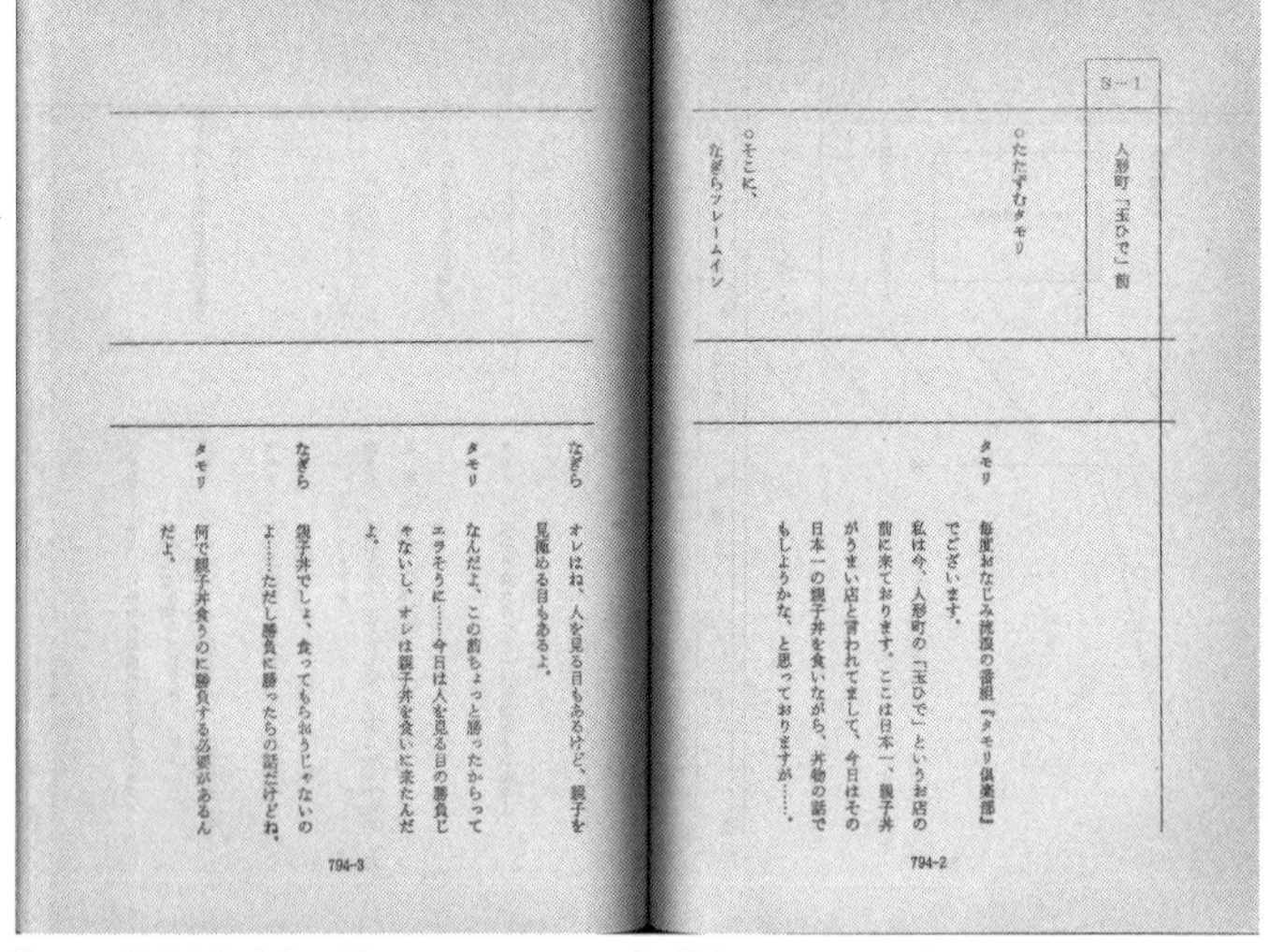

S−1

人形町「玉ひで」前

○たたずむタモリ

○そこに、
なぎらフレームイン

タモリ　毎度おなじみ流浪の番組『タモリ倶楽部』でございます。
私は今、人形町の「玉ひで」というお店の前に来ております。ここは日本一、親子丼がうまい店と言われてまして、今日はその日本一の親子丼を食いながら、丼物の話でもしようかな、と思っておりますが……。

794-2

なぎら　オレはね、人を見る目もあるけど、親子を見極める目もあるよ。

タモリ　なんだよ、この前ちょっと勝ったからってエラそうに……今日は人を見る目の勝負じゃないし、オレは親子丼を食いに来たんだよ。

なぎら　親子丼でしょ、食ってもらおうじゃないのよ……ただし勝負に勝ったらの話だけどね。

タモリ　何で親子丼食うのに勝負する必要があるんだよ。

794-3

『タモリ倶楽部』台本。冒頭でのタモリとなぎら健壱のやり取りが書かれている
（1999年2月12日放送回）

りずに色んなところでロケをしていましたから。みんな『タモリ倶楽部』には台本なんてないんじゃないかって思ってると思うんですけど、**実は結構書き込んでちゃんとつくってるんです。**

普通の深夜番組だと、タレントにある程度お任せで、台本と言うより「進行表」みたいなことも多いのかもしれないんですけど、『タモリ倶楽部』はそうじゃなかった。僕は台本は一つの読み物として考えていますから。

やっぱり他の制作会社だったら、もっと普通のバラエティっぽくつくってたと思いますよ。何より、予算の範囲内でつくるよね。30分番組なのに、3つも命かけてコーナーをつくったりしない。お金のことももちろん多少は考えますけど、やっぱりやるからには、みんなになんかすげえなって思ってもらいたいじゃないですか。面白いものつくって話題にならないのは悲しいなと思うんです。

深夜番組の場合、予算も限られてるから、例えば、予算が1回100万円だったら、その中から数万円の利益出したって人件費にもならない。1つのセットで1日5本撮りして経費をかけずにつくればいいのかもしれないけど、番組を受ける以上は世の中の話題になりたいじゃないですか。ゴールデンタイムの番組なら1000万円単位の予算があります。そこから利益も出せるけど、深夜は難しいですよ。ハウフルスは80年代までは深夜ばっかりやっていたから、ずっと赤字との戦いでした。

実際に『タモリ倶楽部』などの台本を書いていた町山広美はハウフルスの番組の台本についてこう証言する。

「電話帳みたいな分厚い台本書いてました。放送尺オーバーしてる。あの頃は、手書きだったから手が痛くなって（笑）。それで菅原さんに見せると、ここはこうだってどんどん自分で書き始めて『クソー！』ってなったり。菅原さんのせいで、現場がこうなったらいいなあって書きたいだけ書いて、すごく長く書いちゃうようになったんです。面白いからいいかって採用してくれるから。だから、尺勘定がいまだにできない（笑）。

『タモリ倶楽部』では、ものすごく面白くなくていいけど、ちょっとの面白さを見つけて広げるというのを意識して書いていました。こんな風になったら面白いけど、出演者がもっと面白くしてくれるものを書くというのをやっていくうちに覚えたというか、教えてもらった感じですね」（町山）

タモリが面白がってくれることを考える

タモリさんは不思議な人ですね。多趣味でそれぞれの分野に造詣が深くてインテリでもあるし、それでいてサラリーマン的でもあるし、いい意味でいい加減。あんなに手のかからないタレントはなかなかいないですよ。

『タモリ倶楽部』はいろんなところにロケに行くから、次の場所に移動した時に、スタッフがセッティングしている時間がどうしてもできちゃうんです。そういうときは、普通はタレントに誰かスタッフがついてフォローするんですけど、タモさんはじーっと座って状況を見てる。誰も相手をしてなくても平気だし、全然ちゃんとした場所じゃなくても文句を言わない。若い頃からずっと企画にも一切口を出さない。タモさん自身が「あれをやりたい」なんて主張することなんてなかったから。

でも、企画自体は**「タモリが面白がってくれること」**、タモさんがちょっとでも反応してくれるような仕掛けを考えてましたね。タモさんが地図とか道とか飯とか鉄道とかが好きだから、そういう企画をやっていたら、どんどんマニアックな方向に行っただけ。よく『タモリ倶楽部』はサブカルなんて言われるけど、うちに根っからサブカルなヤツなんて誰もいませんよ。

タモリは『タモリ倶楽部』500回記念で番組が特集された際、珍しく取材を受け、こう答えている。

「テレビはビチビチと間を詰めた密度の濃いものが普通だったけど、逆に深夜は薄いスカスカな番組を作ろうということが、そもそもだったんだ。ただ、通常だと番組にならないような、まぁそういった意味では画期的であるし、スカスカなところが私に合ってね、やる気のないダラダラするのがピッタリだったと思います[※10]」

低予算を逆手に取って「通常だと番組にならない」ことをやっていくのが痛快だった。多くの番組で菅原と仕事を共にした放送作家の小山薫堂(こやまくんどう)は菅原を「『ユルさ』を演出に変換した人」と評している。その代表作が『タモリ倶楽部』だと。

いかに〝脇道〟で面白いことをやるか

テレビにおけるマニアックって、普通のマニアックとは違うと思うんです。本当のマニアックはテレビにはならない。テレビでやっている王道の中のマニアックという

※10 『FLASH』1993年3月16日号

のはそれとは違う。

僕らがやってるのは、**「王道」をいかに崩せるか**、なんですよ。みんなパロディ。

『タモリ倶楽部』で最初につくった3つのコーナーも全部パロディですよね。

僕がつくるバラエティというのは、『タモリ倶楽部』に限らず、**全部パロディから始まっているん**です。『チューボーですよ！』も王道の料理番組じゃない。『夜もヒッパレ』も王道の音楽番組じゃないし、『ボキャブラ天国』だって王道の演芸番組じゃない。一旦僕のフィルターを通って遊んでいるんです。だって、テレビ業界に入ったときから王道の番組を1回もやったことなかったから。王道の仕事がこないから、**いかに脇道で面白いことをやるか**っていうことばかり考えていた。自分ではそれが「ポップでしょ」と思ってるんですけどね。

だからやっていくうちにそれが主流のようになっていくと本当は違うし困るんです。『きょうの料理』みたいなちゃんとした料理番組がある中で『チューボーですよ！』があるのがいいんです。『夜もヒッパレ』のような番組が音楽番組のメインになっちゃマズいんですよ。王道の音楽番組がちゃんとあってほしいんですよね。

ちゃんとしたお笑い、音楽、ドラマ、ドキュメンタリーがあるからこっちは遊べるんです。僕のやってることは〝いたずらっ子〟みたいなものですから。

『タモリ倶楽部』の最終回の予告は「タモリ倶楽部　＃１９３９」という画面から始まった。

そして、

「必ずごま油でやってください。ない場合は作らないで下さい」

「こんなうるさいところで料理したくないよ」

というタモリの音声を挟みながら、

「次回はズバリ『タモリの料理』。一体どんな料理が完成するのか」

と企画が説明され、サイドのテロップには「１９３９回目もゆるーくやってます！」

と記されていた。ナレーションでもテロップでも「最終回」という言葉を予告に使わなかったのだ。

そして実際の最終回でも、「タモリ流レシピを訂正しよう」という人を食ったような企画がおこなわれ、いつものゆるいトーンのまま番組は進んだ。

３品つくるはずが時間が足りず、２品で終わってしまい、

「予定としては、ここでホロリとするような挨拶が入るんですが、台無し」

と笑い飛ばし、

「40年間、本当にありがとうございました。みなさま方の支持のおかげで、ここまでくることができました。感謝しています。お疲れ様でした」
と終了の挨拶を軽くした以外は、いつもとほとんど変わらないまま幕を閉じた。

やっぱり『タモリ倶楽部』が40年も続いたのは、タモさんというその存在が一番大きな理由だったと思います。

だけど一方で、タモさんが口を出さないってことも大きかった。だから、タモリという存在をどう使うかだと思うんです。それをしっかり考えないとタモリも遊べない。

タモリっていう人は、**「つまんないなら、つまんないなりでいいじゃないか」**という考え方。無理に面白くする必要はない。普通の芸人ならなんとか面白くしようとすると思うんですよ。俺の力でなんとかしようと必死になる。それで爆発的に面白くなることもあれば、ドツボにはまることもある。それをせずに常に自然体でいるという胆力がやっぱりスゴい。タモさんが必要以上入ってこないから、やっぱり飽きが来ない。最終回もタモさんは「いつも通り」を貫いていましたから。

あの番組がディレクターの〝遊び場〟だったのもタモさんがいてくれたから。自然とディレクターも鍛えられて育っていった。途中から番組の演出を山田謙司（p53参照）に任せましたけど、もう彼の番組になっていきましたね。

それに、タモリがいるとバカバカしい企画も不思議と哲学的に見えてくる。だから最初から最後まで、「一生懸命いいかげんなもの」をつくり続けることができたんです。裏で綿密に企画を練りながら、表向きは脱力しているように見せていた……、くらいのことは言えますけど、僕らは感性でやってるから理屈をつけろって言われても難しいですよ。

言ってみれば、全部気分。ほとんどその時々の自分の生理で考えているから。「○○である」なんて確固たる演出論は全然ない。だから、この本に書いてあることは、全部、後付けと言い訳です、ホッホホ。

ただ、確実に言えることは、僕たちの仕事って**「サービス業」**だということ。視聴率が高ければそりゃ嬉しいけど、それよりも誰かが喜んでる顔を見たくてつくってる。誰かが喜んでくれたら嬉しいなって。

『タモリ倶楽部』だって、タモさんや、僕にこの番組を任せてくれた田邊さんが喜んでくれると嬉しいなって思ってつくってました。でも、最後まで田邊さんが直接褒めてくれたことはなかったんですけどね……（笑）。

COLUMN
業界用語の基礎知識　菅原正豊

1993 ～ 94 年に毎日新聞で連載された
コラム「菅原正豊のテレビ言語の基礎知識」から抜粋してお届けします。
適宜現況にあわせて追記を行っておりますが、時代の変化も含めてお楽しみください。

テレビの制作会社

当然ではありますが、テレビを組み立てる電気系の会社の事ではありません。その証拠に、ここで働く人たちはテレビが壊れても直せません。ましてやテレビは何故映るのか？　なんて事は考えた事もありません。制作会社は非常に利益の薄い商売ですが、にもかかわらず物価の高い港区周辺に集中しています。そのくせ働く人のほとんどは23区外に住み深夜宅送の経費を会社はいつも問題にしていますが、このことは二度と使用しない膨大な量の収録済みのテープを保管するために芝浦の倉庫を借りているのと同じくらい、永遠に解決しないテーマなのです。制作会社は主にドラマ系と情報系とバラエティー系に分けられますが、それは家具屋と運送屋と不動産屋くらい、目ざしているものも社風も違うのです。ということで、これから入社を希望の方々、くれぐれも気をつけてお選び下さい。 1993.10.4

※現在は収録済みのテープをデータ化して保存する様になり、省スペース化を実現しています。

演出

「ディレクター」と「演出」とどう違うのか？　「プロデューサー」と「演出」とどちらが偉いのか？　「演出」に関するナゾはいろいろあります。

少なくともいえることは番組は「演出」と名のついた人間のメッセージである、ということです。

番組制作は偉い人間ほど先のことを考えなければいけません。ADがその日のことしか考えていないのに対して、ロケディレクターはスタジオ収録の日のことまで考えます。演出になるとその後の編集のこととか放送日の翌日の視聴率のこととか、そのための言い訳まで考えます。そのうえレギュラー番組だったら少なくとも半年先くらいまでの戦略はもっていなければならないのです。一方プロデューサーは1年先まで番組は継続するか？とか。そこまでの制作費の収支まで考えなければいけません。もっとも社長なんか10年先まで考えて会社経営するのです。

偉くなるということは大変なことなのです。 1994.9.20

第2章

作り手には「照れ」がないと。

『メリー・クリスマス・ショー』

一斉に社員がやめた

実は一時期、『タモリ倶楽部』をうちは手放しているんです。

うちの会社は広告代理店「フルハウス」とテレビ制作会社の「フルハウス テレビプロデュース（フルハウスT．V．P）」（現・ハウフルス）のふたつがあったんですけど、代理店の方の利益を全部、テレビ制作会社が使い込んでしまっていました。それで社員の給料も上がらないし、限界だったんです。

そういうことに不満もあったのでしょう。当時僕は、菅原がテレビの社長をやっていたら赤字が増えるということで、テレビの方の社長はやめてまして、若手に任せていたのですが、テレビ制作会社の方に造反がありまして、テレビの社員がほぼ全員辞めてしまった。『タモリ倶楽部』を含めてスタッフがいなくなって……。もう番組は手放して、彼らに渡すしかなかったんですよ。

でも数年後、そちらの会社も結局なかなかうまくいかなくなったみたいで、その後制作会社も変わったりしたんですが、「やっぱり菅原さんでやるしかない」と言われて、また戻ってきたんです。

だから一時期、『帰ってきたタモリ倶楽部』っていうタイトルになっているんです。別に放送自体は中断したわけじゃないから、何が「帰ってきた?」って話ですけど、ただハウフルスが帰ってきただけ。視聴者にはわけがわからないよね(笑)。

当時のフルハウスでは、十数人余りの社員が一気に辞めた。いわば〝クーデター〟といえるだろう。

前出の津田誠も辞めた先輩たちに付いて行ったひとり。

「先輩たちが山っ気(やまけ)を出したんでしょうね、自分たちでもできると思ってしまって出たという独立劇でした」

なお、津田は、その時退社したメンバーの中で唯一、のちにハウフルスに呼び戻されている。独立後、そのメンバーと袂(たもと)を分かち、フリーのプロデューサーとして活動していた津田に菅原から電話があったという。

「そろそろ戻ってこないか?」

若気の至りを後悔していた津田は、すぐに復帰した。

ちなみに、この造反独立劇に唯一参加しなかったのが、当時もっとも若い社員のひとりだった山田謙司。彼は唯一の直属の部下として菅原の演出を間近で見てキャリアを積んでいくことになったため、もっとも〝菅原イズム〟を継承した人物の一人だ。のちに復帰した『タモリ倶楽部』の演出を彼に任せることになるのは、至極当然のことだったといえるだろう。

社員がほぼ全員辞めるという自体を招いてしまったことは、社長としては大きな挫折だったに違いない。怒りやショックも大きかったはずだ。何しろ、自分が立ち上げた大切な番組まで持っていかれてしまったのだ。

しかし、ここからが菅原の真骨頂。すぐに気持ちを切り替えた。当時、菅原は制作現場からは一歩引き、テレビの〝社長業〟からも外れていた。けれど、つくる社員が誰もいなくなってしまったのだ。

「もう一度オレがやる」

菅原は一人になって現場復帰という大義名分を得て制作に〝復帰〟すると、『探検レストラン』などでヒット企画を次々生み出し、数々の深夜番組を立ち上げ評価を得ていった。

勢いを取り戻したハウフルスは、1986年のクリスマス・イブのゴールデンタイムに日本テレビで生放送の大型音楽特番を放送した。

それがいまや〝伝説〟と語り継がれる『メリー・クリスマス・ショー』だ。

桑田佳祐と組んだ、伝説の音楽特番

『メリー・クリスマス・ショー』は、電通の友人から、**桑田佳祐が「テレビをやりたい」と言っている**という話を聞いたんです。

それで、何か考えられないかっていうことで、桑田くんと会ったんですよ。そこから始まった番組。だから、『おもしろMAP』や『タモリ倶楽部』以来の僕が企画から立ち上げた番組ですね。日本テレビの木曜スペシャル枠にプレゼンに行ったら「本当にこんなに歌手たちが出るのか？」と聞かれて、「桑田が言ってるから大丈夫でしょう」って言ったんですけど。

桑田はやっぱり天才ですよ。テレビの面白いところもダサいところも全部見抜いている。普通のミュージシャンだと、当然ですが音楽をちゃんとやりたい。だから、僕らがつくりたいテレビとどうしても齟齬が出る。だけど、桑田はそうじゃなくて、ちゃんとテレビというものをわかっていて、テレビをつくりたいと言ってくれたから楽しかったですね。

たとえば、ある大物ミュージシャンが出てくれるっていう話だったんですけど、打ち合わせしたら彼は、音は全部自分たちでつくりたいし、映像も自分の知っているチームに撮ってもらいたいと言うんです。けれど、そうするとただのミュージックビデオになっちゃうから、僕は桑田に「違うんじゃないか」と言ったんです。そしたら、桑田が「俺もそう思う」と言って自分で断りに言ってくれたんですよ。ミュージシャンにしてみたら、CDのようにミキシングしたいというのはわかるんです。そこが生命線みたいなところもありますからね。でも、テレビは例えばボーカルのサウンドを前面に出したいわけですよ。そういうのを全部桑田はわかって参加してくれたんです。

『メリー・クリスマス・ショー』は、1986年12月24日19時からのクリスマスイヴの2時間特番。翌年には、第2弾としてやはり12月24日に放送された。

生放送のスタジオには、桑田佳祐や松任谷由実を始めとする、当時は滅多にテレビに出ていなかったミュージシャンたちが一堂に会し、それぞれが基本的に自分の持ち歌ではない曲やオリジナルソングを歌った奇想天外なビデオクリップを制作してスタジオで見るという構成。生放送のスタジオ、青山のスパイラルホールでも歌う場面もあった。

本番中、桑田が、「今年の3月くらいに吉川(きっかわ)くんとケーサをミーノしてる(酒を飲んでいる）ときに『なんかやろう』って吉川くんに踊らされまして」と語っているように、そもそも番組が生まれるきっかけを作ったのは吉川晃司。彼はこう証言している。

「確かに言い出したのは俺だけど、当時では考えられない人たちが集まってくれたのは、桑田佳祐さんのおかげですよ。『音楽やってる人たちをたくさん集められるのは桑田さんくらいしかいねえだろうな』なんて当時思ってたね。呑みに連れていってもらって、暴言まき散らしたんだよ。『今の音楽シーンがつまらないのは、ある意味あなた方にも責任があるんじゃないの？』って。今考えると無茶苦茶だわな（苦笑）。そうしたら、ガキのくせになんてことを言うんだボケー！ってな感じで叱られつつも、朝まで話し込んで『よっしゃ、何か考えてみる』と言ってくれて、結局は後の準備はほとんどしてもらっちゃう結果になったけど。俺はBOØWYとか、若いバンドに声をかけたくらい。桑田さんには『吉川、たいそうなことを言ったくせに働かねぇな』って言われちまった（笑）」[※1]

「企画」に名を連ねているのは電通の菊池仁志（きくちひとし）。詳しくは後述するが、彼は菅原の大学時代の友人で『おもしろMAP』を菅原に持ちかけた人物。彼と再びタッグを組み、立ち上げたのが『メリー・クリスマス・ショー』だ。

※1　『日経エンタテインメント！』2007年3月号増刊

司会を務めた明石家さんまは、「あの番組に携われたのは俺ホンマに幸せやったね」[※2]と振り返っている。

「美術セットを裏返しちゃおうか」

セットにしても僕はいわゆる歌番組のセットにはしたくないじゃないですか。でも美術さんがつくるとどうしてもそうなっちゃう。

「これじゃあ普通の歌番組になっちゃうな」

セットができて桑田と一緒に見て僕が言ったら、彼も頷いて言ったんです。

「これで歌うのは照れちゃいますね」

普通にカッコいいことをしたら、照れちゃうんですよ。そういう「照れ」がないと僕は作り手としてはダメなんじゃないかと思いますね。

どうしようかなって考えていると桑田が思わぬ提案をしてきました。

「これ、裏返して使っちゃおうか」

そのセットを裏返して、ハリボテの状態を前にして歌ったんですよ。そんなの僕がやりたいと思ってもミュージシャンには失礼だから提案できないですよ。でも、桑田

※2 『誰も知らない明石家さんま』2019年12月1日

は自分から提案してくる。普通はそんな発想しない。つまり桑田は、テレビを面白がっているんですよね。だから、桑田くんとの仕事は新鮮でしたね。きっと桑田も新鮮だったんじゃないかなと思いますよ。

一夜限りの豪華アーティストたち

第1弾のクリスマスイヴの生スタジオ出演は、司会の明石家さんま、KUWATA BAND（桑田佳祐・河内淳一・今野多久郎・琢磨仁・小島良喜・松田弘）、松任谷由実、泉谷しげる、アン・ルイス、中村雅俊、吉川晃司、ARB、鮎川誠、原由子、トミー・スナイダー、小林克也。第2弾では、小泉今日子やCharらも加わった。VTRには、スタジオのメンバーに加え、チェッカーズ、忌野清志郎、THE ALFEE、BOØWY（氷室京介と布袋寅泰）、石井竜也と米米CLUB、TUBEの前田亘輝、山下洋輔、三宅裕司、小倉久寛らが参加した。

レコード会社やレーベルが違うとなかなかテレビ番組で揃うのは難しいんです。けれど、そこはやっぱり桑田の力が大きかったと思います。〝一夜限りの遊び〟ということでみんなが集まってくれました。

司会は、桑田くんと相談して、さんまさんが面白いんじゃないかっていう風になったんだと思いますね。桑田と仲が良かったですから。僕は付き合いがなかったし、正直、あまり得意ではないタイプ。さんまさんは、番組を自分がやりたい色にするタイプだから。でも、やっぱり〝桑田佳祐の番組〟というのがあったから、そこはあまり我を出さずにやってくれました。さんまさんは、番組に参加してものすごく感動してくれましたよ。だから、翌年も頼んだら、すぐに出てくれましたから。

ああいう番組はなかなかないですよね。桑田がいて、さんまがいて、ユーミン、泉谷、清志郎、THE ALFEE、吉川晃司、米米CLUB……当時のトップどころが総出演してますからね。しかも、基本的に自分の持ち歌を歌ってプロモーションするわけでもなくて、みんなで音楽で遊んでいるんですから。

番組はクリスマスイヴの生放送で『Come Together』（THE BEATLES）を出演者たちがリレー形式で歌っているオープニングVTRから始まる。

そしてKUWATA BANDの『MERRY X'MAS IN SUMMER』をスタジオで桑田が生で歌いながら、出演者たちを呼び込んでいく。

その後、スタジオトークを交えながら、「ロッケストラ」と名付けられたKUWATA BAND、アン・ルイス、吉川晃司、BOØWYらが歌う、T. Rexの『Telegram Sam』、泉谷しげるとチェッカーズがロックテイストに即興でアレンジした『赤鼻のトナカイ』といったVTRが挟まれていく。

中村雅俊らは狂騒のステージで三橋美智也の『達者でナ』を歌い、その周りを三宅裕司らが暴れまわる。番組オリジナル曲『セッションだッ!』では桑田佳祐と忌野清志郎が競演し、ついには山下洋輔の弾く1000万円のピアノにバケツの水をぶっかけてしまった。『A Horse with No Name』はスタジオの隅でセットの裏側むき出しで歌い、その他、『長崎は今日も雨だった』『Help!』『第九交響曲』など多種多様な曲が演奏された。

選曲は基本的に桑田くんが中心になって、4~5人で会議をして決めていきました。

クリスマスソングを中心に、洋楽から演歌まで色々混ぜてやろうというのは、共通認識でした。2回目にやった島倉千代子の『愛のさざなみ』は、桑田が知らなかったから、「こういうのあるけどどう?」って僕が提案しましたね。「これ、いいですね！」ってなって、アン・ルイス、小泉今日子、ユーミンの3人に振袖姿で歌ってもらいました。ジャズもありましたね。『TAKE FIVE』には、とにかくいやらしい日本語の歌詞をつけようと桑田を中心にみんなで考えた。

やっぱり桑田の発想はスゴかったですよ。『長崎は今日も雨だった』にはサーフミュージックが合うと思うって言い出して、ビーチボーイズの『サーファー・ガール』と合体させたり、古舘伊知郎の実況を入れてみたり。桑田はプロレスが好きですから。桑田と清志郎がリングでプロレス風の対決をしているところに泉谷が乱入する、みたいな……。歌っている前で、麻雀をしたり、ストリップをしたりしましたね。それはモノクロでワンカメで収録しました。

石橋凌、小林克也、桑田佳祐の3人が直立不動で『I Wish I Was in New Orleans（想い出のニューオリンズ）』を歌うのだが、その前では、大勢が卓を囲み麻雀をやっていて誰も曲を聴いていない。靄のかかったモノクロ映像が印象深い。翌年、3人は『WONDERFUL TONIGHT』をストリップ劇場で歌うが、やはり観客は曲をまったく聴かず、ストリップ嬢の青山未央に興奮しながら歓声を送り続けている。

古舘伊知郎の実況が入ったのは「セッションだッ！」の第2弾。桑田と忌野がリング上で対決するように歌い、やはりリング上で山下洋輔がピアノを弾いている。そこに忌野のセコンド役として泉谷しげるが〝乱入〟する。

「さぁ、予定調和の大乱闘の幕開けか。おおっと、泉谷スリップダウン！　これは情けない！」

と古舘節が冴えわたる。そしてまたもピアノは彼らの餌食になってしまう。

「高価なものを壊していくという破壊の美学。これも余裕のある、少なくても歌唱印税の貯蓄なくしては絶対にできないという、特権意識に基づいたハングリー精神。それが素晴らしかったのではないでしょうか」

古舘が総括する中、泉谷の罵声が響く――。

第2回のこの番組のためにつくった『2人のFOUR SEASONS』は、桑田くんが風刺的なものもちょっとやりたいって言ったところから生まれたんです。ちょうどその頃、竹下登が、総理大臣になった時期でした。彼は、田中角栄を裏切って「経世会（けいせいかい）」を立ち上げたから、角栄の目白御殿に挨拶に行ったときに追い返されちゃったりして……。それをパロディにした歌詞を桑田がものの見事に書いて、泉谷しげると渡辺美里に歌ってもらったんですよ。

「辛い日々をくぐってここまで来たけど」「二人で逢った時は秘密の約束　あなたがくれたこの夢は離さない」みたいに2人の友情や愛情を歌った歌詞に竹下登の総理まで登りつめた生涯を重ねて、ニュース映像をつなぎ合わせた映像をつくったんです。「今でも忘れぬ　メジロのとまり木　さようなら」とか歌っているところに目白の家に竹下さんの車が入っていくところとか、追い出されて出ていくところとかを入れて、笑える社会派の作品になりました（笑）。

とにかく音楽で遊びまくったんです。そしたら、桑田と清志郎が、山下洋輔さんが弾いているピアノに水をぶっかけて1000万のピアノをダメにしてしまったり、高級イタリアンレストランからテイクアウトした料理の乗っていた、買えないような高価な皿を全部割っちゃったりするしねぇ……。

予算のことは考えてましたけど、『メリー・クリスマス・ショー』は、もうこのまま行くしかないって思ってました。その代わり、世の中が驚くようなものを見せたいと思ってつくったんです。2回目にユーミンが『恋人がサンタクロース』を歌ったんですけど、「どういう演出にしたい?」と聞いたら「246（国道246号）で車を全部止めて、雨を降らせて1000人くらいで傘を持って踊りたい」なんて言う。それはさすがに無理だって言いましたけどね。

本番中に練習した『Kissin' Christmas』

エンディングには、この番組のために桑田佳祐が作曲し、松任谷由実が作詞した『Kissin' Christmas（クリスマスだからじゃない）』を全員で歌った。「桑田くんのノリと私の品格をどう両立させるか」で苦心したと松任谷由実は語っている。

本番のトーク中も後方でみんなが練習しているという演出。こうして生まれたばかりのオリジナル曲を番組中に全員で練習して歌う演出は、1992年に菅原が参加した『24時間テレビ』で、その後番組テーマ曲となる『サライ』を誕生させた演出に受け継がれている。

なお、『Kissin' Christmas』は、当初、レコード化をしないという約束でつくられたが、音源化を熱望する声が消えず、2012年7月18日発売の桑田のベスト・アルバム『I LOVE YOU -now & forever-』に初めて収録された。その後、2018年12月31日には「第69回NHK紅白歌合戦」で桑田と松任谷が共演して歌い、2023年に桑田佳祐 & 松任谷由実名義で『Kissin' Christmas（クリスマスだからじゃない）2023』としてリメイクされリリースされた。

桑田が曲を書いて、ユーミンが詞を書いて、本番中に練習してエンディングでみんなで歌うという企画ですね。いろんな人に出てもらってたから、やっぱりこの番組限りでレコードも出さないっていう約束だったからできたんです。だからしばらくは出さなかったんですよ。

桑田のスゴいところは、「クリスマスイヴにテレビで音楽遊びをしたい」というところ。普通のミュージシャンではああはならない。桑田がどこまで画（え）が浮かんでいたかはわからないけど、僕の方は経験上、ある程度画が浮かぶから、桑田がやりたいことをどう具現化していくかを考えていく役割。それが実現していったのだから、つくっていてワクワクしました。

やっぱり番組の1回目っていうのは楽しいですね。誰もどうなるかわからない中で進んでいくんですから。『メリー・クリスマス・ショー』も、こういうことがやりたいという桑田くんの思いがあって、こんな曲をこんな人とこんな人で組み合わせたらどうなるんだろうと、ミュージシャンやアレンジャー、プロのスタッフたちがみんな自分なりのイメージの中で企画が次々と進んでいく、それを具体化していくことが僕の仕事ですから。何ヶ月もかけて一発勝負の世界です。

だからテレビ番組の1回目って自分自身のドキュメンタリーなんですよ。その分、高揚感がありますよね。僕がテレビマンとして泣いたのは、『メリー・クリスマス・ショー』の1回目の『Kissin' Christmas』と、その後につくる『24時間テレビ』の『サライ』が番組中にできてエンディングでみんなで歌ったとき。

2回目になるともうある程度は計算できてきますから。だからいつも僕が言うのは、**「1回目の収録の後は、必ずスタッフだけの打ち上げを入れよう」**と。みんなどうなるかわからない状態から、「こうなったね」って語り合えるのは1回目だけなんですよ。スタジオがどういう反応だったかっていうのはすごく大事なことだから。そうやって語り合えることが最高に楽しい。その日に飲む酒は普通の酒の味じゃないんですよ。

第1回目の収録で、流れをどこまで読めるか、想定外のことが起こったときにどう対応するか、それが演出家冥利に尽きるところですね。

二度目の会社崩壊

実は最初の『メリー・クリスマス・ショー』をやったときに、5000万円を超える大赤字を出してしまったんです。ハウフルスの完全制作でしたから、もう会社の存続は不可能になって一度会社を〝解散〟させたんですよ。制作会社「ザ・ワークス」[※3]の当時の社長・前原雅勝[※4]さんにお願いして、そのときいた20人くらいの社員をみんな預かってもらいました。それでまた1人になっちゃった、ホッホホ。

クーデター以来、2度目の会社崩壊。事実上の倒産だ。そんな会社の危機を語っていても泰然自若。飄々としていて悲壮感はまったくない。

それは決して既に時間が経っているからではない。当時からそうだったのだ。

事実上の倒産になったすぐ後、町山広美は会社を訪れた。

「相変わらず楽しそうに笑ってましたね（笑）。何にも変わってませんでした。このときに限らず、菅原さんは悲壮感を漂わすことがないんです。『俺は大変なんだ』みたいなことは一切言わない。大人の男の人は悲壮感で人をつなぎ止めがちじゃないですか（笑）。自分も歳を重ねて、いろんな人に会っていく中で、ああ、菅原さんみたいな大人は稀有な存在だったんだなって気づきました」

とはいえ、クーデターのときも菅原のもとを離れなかった山田謙司も「ザ・ワークス」へ行かざるを得なかった。

※3　1984年創業のテレビ制作会社。『進め！電波少年』『ウッチャンナンチャンのウリナリ!!』『あいのり』『スクール革命！』『THE突破ファイル』などの番組を制作。

※4　渡辺プロ出身。1976年からテレビ朝日で『みごろ！たべごろ！笑いごろ！』（伊東四朗、小松政夫、キャンディーズ）などのプロデューサーも務めていた。

「どうにもならなくなっちゃったけど、お前らはちゃんと面倒見てもらうから」
菅原はそう言って全員を送り出したという。だが、仕事内容は思いの外、変わらなかった。
「前原さんはとても懐が深い方で、僕らはワークスに出社するんだけど、やっているのは菅原さんが演出する番組だけでした。だから、部屋を貸してくれているような状態。ほとんどフルハウスにいるのと変わらない仕事をさせてくれていました」（山田）

第1弾で満足のいくものはつくれたんですけど、大赤字で会社はほとんど潰れてしまったので、翌年の『メリー・クリスマス・ショー』第2弾では、僕は変わらず総合演出なんですが、クレジット上は制作協力フルハウス、そしてザ・ワークスが「演出協力」という形で入っているんです。つまり、ワークスに預けたうちの元社員を借りる形で番組をつくったんです。

制作は日本テレビの系列会社「NTV映像センター（現アックスオン）」が引き受けてくれました。ここなら、スタジオ、カメラ、照明、音声、美術、編集所など全部自前で揃っている。

当時の一丸(いちまる)取締役（元日本テレビの大プロデューサー）に、「この企画、うちなら何とかなると思うよ」と言われて始まったのですが、終わってから一丸さんに、「菅原ちゃん、大赤字だよ」って……。やっぱり、これだけのことをテレビでやるのは無理だったんですよ。

そうこうしているうちに段々仕事もたくさん入りだしてきたんです。赤字は出したけど、いいものをつくれば、見てくれる人は見てくれて話題になったりしますから。それで、前原社長も「菅原、そろそろもう1回引き取ってやったらいいんじゃないか」って社員を戻してくれたんです。前原社長はその後亡くなられましたけど、ホントに感謝してます。

前にも書いたとおり、うちはテレビ制作部門の会社と広告代理店があるんですけど、段々手狭になってテレビ部門のフルハウスT.V.Pを麻布十番に移したんです。普通のテレビ制作会社は、赤坂や青山に会社をつくりがちじゃないですか。でも、商店街のど真ん中にテレビの会社があると、ちょっと可愛らしくて笑える。それであの頃僕がしょっちゅう遊びに行ってた街、麻布十番の商店街に会社を構えたんです。

これを機に1991年に社名を**「ハウフルス」**に変えました。麻布十番には、麻布十番温泉というのがあったんですよ。港区唯一の黒い天然温泉が出る温泉の地だった。だから温泉マークを会社のロゴにしたんです。ラフを僕が書いて、サントリーやパルコなどの広告のディレクションで有名なデザイナーの井上嗣也（いのうえつぐや）[※5]さんに仕上げてもらいました。『アド街ック天国』や『チューボーですよ！』なんかのロゴも井上さんですね。井上さんとはなんだか昔から親しくしていました。局やスポンサーからは「本当に井上さんがやってくれるんですか？」って驚かれましたけどね。

番組づくりって、予算をはみ出すくらいやることも大事だと思うんですよ。仕事だから予算の中でやらなきゃいけないんだけれども、僕が面白がられたのは、予算をはみ出してまで番組をつくっていたことなんです。別にそれは金をかけたらいいということじゃなくて、そこまで菅原は頑張るんだということを見てくれてる人もいるんだってことですよ。苦しいですけどね。

だってあの時代のうちの経理なんて、催促のきた支払いを遅らせてもらうよう、お願いすることが仕事でしたからね。あの頃経理が頭を下げて頑張ってくれたことが今につながっているんですよ。頭が下がりますね。

でも**結果的にうちの会社のターニングポイントは全部赤字番組**。だからたぶん、それが会社のエネルギーになっているんだろうなとは思いますね。『おもしろＭＡＰ』、『タモリ倶楽部』、『メリー・クリスマス・ショー』、『探検レストラン』……全部赤字。

※5　アートディレクター。パルコ、サントリー、コム デ ギャルソンの広告をはじめ、音楽、出版、TVなど幅広いジャンルでのアートディレクションを手掛ける。

けど、今でも制作者の人たちから『メリー・クリスマス・ショー』を見てこの世界に入りましたなんて言われますから。それは嬉しいですね。

『おもしろMAP』から始まって『タモリ倶楽部』を一時撤退するまでがうちの第1期とすると、『探検レストラン』から『メリー・クリスマス・ショー』が第2期、それで、『メリー・クリスマス・ショー』以降が第3期という感じですね。ここからうちの「今」が始まるんです。

『タモリ倶楽部』演出・山田謙司インタビュー

もっとも長く菅原正豊と行動を共にし、間近で菅原の仕事を見てきた山田謙司。『タモリ倶楽部』の演出を長きにわたり任された山田は、「菅原イズム」最大の継承者といえるだろう。そんな山田に『タモリ倶楽部』を中心とした演出について伺った。それを通して菅原演出の真髄の一端が垣間見えるはずだ。

——いわゆる〝クーデター〟が起きた時、なぜ山田さんは菅原さんのもとに残ったんですか？

山田　僕は当時、一番下で入ったばかりだったし、単純に出て行った人たちとは合わなかったんです（笑）。そこから菅原さんは演出家としてのエネルギーを爆発させて、本当によく働く人だなあと思いました。あと、絶対に怒らない。たとえば、ダメなＶＴＲが上がってきても「ああ、こうなったんだ」って泰然として自分で直しちゃう。何かでディレクターが現場に遅刻したときも「じゃあ、俺が撮るよ」って言ってロケして、遅れてきた本人に「大丈夫だよ、面白くしといたから」って笑ってる。ムチャなことを言うことはありますけど、理不尽なことは言わない。スゴいタレントを連れてこいとか、今から1000人連れてこいとか、そういうムチャじゃないんですよね。もっとゲリラ的な発想で演出していました。

——山田さんは『メリー・クリスマス・ショー』ではADとして参加されたんですか？

山田　そうですね。ロケも担当してました。菅原さんが、桑田さんと「どうしようか？」って相談するところから1日が始まるんですよ。とりあえず、こちらのプランがあるんですけど、桑田さん側にもプランがあって、「こうじゃなくしたいな」「じゃあ、こうしよう」みたいな話し合いが必ずある。普通だったら9時に入れば、セットが出来上がってて、準備して昼には撮り始めるんですけど、そこの折衝がなかなか終わらないから全然始まらない（笑）。夜中までやってましたね。スゴいメンバーを集めて毎日がお祭り騒ぎみたいな感じでスゴいものができていきました。

——『タモリ倶楽部』で演出を任されるようになったのはいつ頃からなんですか？

山田　制作がハウフルスに帰ってきて、半年くらい経った頃ですかね。菅原さんは当時、たくさんゴールデンタイムの番組を抱えていて忙しかったですから。でも、悩むと相談にのってくれましたよ。「今週ちょっと企画が出ないですね」って言ったら、「うーん、ちょっと待ってな」と言って、帰る時くらいに「こんなのどうかな？」「はい、いただきました！」って（笑）。『タモリ倶楽部』に関しては、信頼してくれていたので、結構自由にやらせてもらいましたね。

――『タモリ倶楽部』は独特な番組だと思いますが、どのような考え方で企画を立てていたんですか？

山田　菅原さんの考えは、他とは同じことはしない、二番煎じはやっちゃダメだということ。トガッているわけじゃないですけど、独自のユルい空気感をつくるっていうことくらいで、あとはもう何をやってもいいと。

――エロ系の企画もずっと続けていましたね。

山田　ストレートじゃないようにするというのが大前提としてありましたね。たくさん若い女性を呼んで何かエッチなことをするっていうことではない。アダルトビデオを題材にする場合でも「エロビデオタイトル選手権」みたいな感じでちょっとズラす。1位を獲った人には「ビデをさしあげます」って（笑）。「AV女優対抗AV（オーディオビジュアル）配線合戦」というのもありましたね。自分で配線して自分の作品が映ったら勝ち（笑）。若いときから菅原さんと一緒にやってるから、染み付いちゃってるんですよね、そういうちょっとズラすということが。常に「ひねれ」って言われてましたから。ひねってなんぼだと。タモリさんもエロいことには興味があるけど、別に直接的なものを面白がるわけではないですから。

——様々なパロディもされていましたね。

山田　『プロジェクトX』のパロディで「プロジェクトSEX」とかね（笑）。「港区横断ウルトラクイズ」もありましたね。「はいしゃ復活」っていって「歯医者」の人は復活ですって。『トリビアの泉』がまだ深夜の頃に下ネタ版のトリビアをやったんです。「へぇ」ボタンの代わりにお尻のオブジェを置いて「アー、ナルほど」って（笑）。会議では大真面目にそういうことを考えてましたからね。いかに演者にバカだねって思われたいっていう菅原イズムを僕も受け継いでいますね。

——タモリさんのスゴさを感じることはありましたか？

山田　絶対に否定しないんですよ。なんでもやってみる、やってみなきゃわかんないだろっていう考え方なんですよ。僕らが企画を持っていっても、ほぼ必ずOK。だから、つまらないときもあるんですよ（笑）。だって毎回テーマが違って安牌（あんぱい）をとらないから。普通のレギュラー番組のようにひとつのコンセプトでブラッシュアップしていくわけじゃなくて、一発勝負ですから、50点のときもあれば、120点のときもある。それを良しとしてやれるのがタモリさん。

——毎回、テーマも場所も演者も変えてつくるのは大変だったんじゃないですか？

山田　ユルくつくっているようですけど、相当な計算の上でやらなきゃならない。そこはもしかしたら菅原さんのイズムを引き継いでいるかもしれないですね。そうは見せないっていう。

――台本もしっかりつくっているとうかがいました。

山田　菅原さんの考え方なんですけど、進行台本ではなく、読み物として読めなきゃダメだと。台本通りにセリフを言っていけば、面白くなるようにする。そのままやってくれてもいいいんだけど、そこを壊してより面白くしてもらうための台本ですね。

――演者任せにしない。

山田　そうですね。精神は伝えとけよってていうのが菅原さんの考え方。こっちの方にいってほしいじゃなくて、こういう風にいってほしいんだっていうことは台本の中に示しておきなさいと。ただ、逆に本番が始まってしまえば、演者を信頼します。終わる数年前まではカンペを出すことはなかったですから。カンペを出すってことは、これをやれってことですから、それはやらないようにしてました。菅原さんもシステマティックにつくることを嫌いますから。『タモリ倶楽部』ではボイスオーバー（テロップ）も極力つけなかったですね。

――編集ではどんなことを意識しましたか？

山田　菅原さんがよく編集で言っていたのが、キレイに伝えちゃダメだってことですね。たとえば、笑っている顔のインサートを入れるみたいなことはリアルじゃないからダメだと。言葉が切れちゃったりしたときは普通は整音しますけど、そうではなくて、そのままつなげる。ゴールデンの番組は違いますけど、『タモリ倶楽部』のような深夜番組では、そういう風にしてました。だから音効（音響効果）も途中でブツっと切れるんですよ。ゴツゴツした断片を繋いでるようにしようって。それは差別化もあったと思いますけどね。

――『タモリ倶楽部』が長く続いたのはなぜだと思いますか？

山田　気負わなかったことですかね。トガッちゃダメですよね。時代の先端を走っちゃうと、絶対に時代に追いつかれ追い抜かれてしまう。それとは違うところで独自感を出してやっていっていたから、あれだけ続いたんじゃないですかね。

――その最終回はいつも通りな感じで終わりましたね。

山田　最後だからタモリさんと菅原さんの意見を聞きつつ考えました。あまりかしこまって終わるのはやめようというのは共通認識でした。で、僕は別の企画を持っていったんですけど、タモリさんが、珍しくこれをやりたいんだって、ネット上にあるタモリさんのレシピを訂正するという企画を出したんです。

——収録はいかがでしたか？

山田　最終回の収録にはいつもの3倍くらい人が来てましたね（笑）。本当は3品やる予定だったんですけど、盛り上がったから、これは入らないなと思って、途中でタモリさんに相談したら「だよな」って2品になりました。

——タモリさんたちと打ち上げはされたんですか？

山田　しましたよ。だけど、いつも通り特別な挨拶とかはなく「お疲れ様でした」ってくらいですね。菅原さんは来なかったです。もう何十年も任せてきたんだから、今更照れるって。

予算

番組制作は予算を中心にすべてのことが決まります。予算のある番組の場合、弁当はランクが上がり、しかも余ります。プロデューサーは打ち合わせと称して、シーズンに5回はフグを食べます。打ち上げはバスつき、温泉つき、カラオケつき、ゴルフつきです。とにかくプロデューサーはすべてのことをカネで解決出来るのです。予算のない番組の場合は、まず交通費、食費を切りつめることから始まります。当然弁当は足りなくなります。スタッフはフグの存在はもちろん、すし屋のカウンターの存在すら知りません。打ち上げなどやりません。忘年会でさえ、スタジオの片スミでカワキモノですませます。プロデューサーはすべてのことを誠意で解決するしかないのです。担当する番組の予算、それによってプロデューサーの人生は変わるのです。

1993.10.33

※ 現在は、業界全体で低予算化が進んでいるため、いかに安く、おもしろく作れるかがプロデューサーの腕の見せ所です。

カメラ割り

新番組が始まる時、それを祝って、出演者及びスタッフはスタジオのカメラをたたき割ります。テレビ界にはこうした鏡開きにも似た儀式が、あるわけないのです。カメラ割りはスタジオで進行していく動きを5、6台のカメラでどう撮っていくかを台本上であらかじめ決める作業をいいます。特に歌番組などになると、これが命となります。ディレクターはテープを聞きながら、指をパチンパチン鳴らしながら、カメラ割りを考えます。極端なことをいうとこの作業が終わると彼の仕事はほとんど終わったも同然です。台本を見るとTS、BS、GS、ZI、ZB、PAN、ドリー等々の専門用語がカメラ番号とともに歌詞にそって書きこまれています。たとえば、TSは、タイトルショット、BSはバストショットの略です。皆さんもテレビを見ながら小節ごとに指を鳴らして自分なりのカメラ割りを考えるのも暇つぶしになると思います。

1993.11.29

第3章

「バカですね」は最高のオシャレ、「くだらねー」は最高のホメ言葉

『いかすバンド天国』

1989年初め、昭和天皇が崩御し、「平成」が始まった。

自粛ムードが明けつつあった2月11日深夜から放送が開始されたのが『平成名物TV』[※1]（TBS）だ。日本のテレビ・ラジオで最初に「平成」を冠した番組だといわれている。平成が始まったばかりなのに「名物」を名乗った番組は、本当に「名物」を生み出すことになった。

『三宅裕司のいかすバンド天国』（通称『イカ天』）だ。

毎回10組程度のアマチュアバンドが出場し、「イカ天キング」を目指し対決。「キング」になると翌週以降、防衛戦を戦い、5週勝ち抜きで「グランドイカ天キング」となり、メジャーデビューの権利を得るというルールだった。FLYING KIDS、BEGIN、たま、BLANKEY JET CITYら数多くの個性豊かなバンドがメジャーデビューを果たし、日本にバンドブームを巻き起こした。上京まもない無名時代のGLAYが出ていたことでも有名だ。

1989年末に発表された新語・流行語大賞で「イカ天」が流行語部門・大衆賞を受賞（ちなみにこの授賞式で『イカ天』の「イカ」は平仮名が正しいと三宅はツッコんでいるが、番組の台本も『イカ天』表記だったそう。そのあたりのユルさが実にハウフルスらしい）。

※1　1989〜1991年にTBS他で放送された土曜深夜のオムニバス深夜番組枠の総称。

翌年1月1日には、「輝く！日本イカ天大賞」として日本武道館でライブイベントを開催するまでに至った。放送期間はわずか2年弱ながら、世間に大きな爪痕を残したのだ。

「たま」は圧倒的だった

『イカ天』は始まった翌年の正月、1990年1月1日に日本武道館で公開イベントをやりました。あのイベントはTBSの編成から提案があったんです。当時は大晦日に武道館で『レコード大賞』をやっていました。

「翌日も武道館が空いているから、同じセットを使ってできませんかね？」

それは面白いと思ってのったんです。『輝く！日本レコード大賞』のパロディだから『輝く！日本イカ天大賞』。ほぼ1周年だったから、この1年の「大賞」や各賞を決めようと。各部門別に演奏して、部門賞を決めてその中から「大賞」を決めていく形式でした。

それで「大賞」になったのが、**「たま」**[※2]。たまは圧倒的でしたね。やっぱりこういう番組には奇抜なことをやろうとするバンドがたくさん出てくるんです。だから、僕ら

※2　知久寿焼（G）、石川浩司（Per）、柳原幼一郎（Key）、滝本晃司（B）からなるフォーク・ロックバンド。全員がボーカルを務めることができ「自作曲自分ボーカル制」を採っているのが特徴。「さよなら人類」が大ヒットし『紅白歌合戦』にも出場した。

もある程度、ああ、「そういう感じね」ってわかっちゃう。でも、たまはその発想をはるかに超えていて驚きました。しかも音楽性も高くて。ああいうのが出てくると番組はもう音楽番組の枠を超えてきますね。

武道館はお客さんもたくさん入って盛り上がったし、あの正月はスゴかったです。イベントが終わってそのまま編集室に入って、おせちも食べずに徹夜で編集して、翌日1月2日に放送しました。

たまは、89年11月に初登場。キャッチフレーズは「たのしい、さびしい、うれしい、かなしい、気持ちはいつでもとっても不安定」。

「また危ないのがやってきた!」と登場時にナレーションをつけられていたように、独特な風貌と挙動不審ぎみの言動で司会の三宅や相原勇を戸惑わせる。だが1週目に『らんちう』を披露すると空気は一変。三宅も「思わず引き込まれた」と驚きを隠さず、「脳ある鷹は爪を隠すかも。私は好き。涙出てきちゃった。それと同時に笑いも出ちゃった」と評した中島啓江を始め審査員たちは絶賛し、文句なしで「キング」になった。

のちに大ヒットを記録する『さよなら人類』を演奏したのは2週目。パーフェクトで防衛すると、その後も圧倒的強さで勝ち残り、「グランドキング」の座を賭けた5週目に。このときのマルコシアス・バンプとの対決が番組屈指の名勝負となった。審査員を大いに悩ませた対戦はわずか1票差でたまに軍配が上がり「3代目グランドキング」に輝いたのだ。なお、通常「グランドキング」が出た次の回はキング不在となるが、「あまりにも惜しい」ということで審査員の総意で、マルコシアス・バンプが特例として「仮キング」となり残留。そのまま勝ち進み「4代目グランドキング」となった。いかにレベルが高かった対決かがわかる。

正月の日本武道館ライブにはそれまでに出演したバンドの中から厳選された20組が出演し、レコード大賞よろしく各部門賞を競い合った。ここでも、たまとマルコシアス・バンプは、同じベスト・コンセプト部門で争っている。

ベスト・スピリッツ賞にTHE NEWSとC-BA（シバ）、ベスト・パフォーマンス賞にカブキロックス、ベスト・ソング賞と審査員特別賞にFLYING KIDS、同じく審査員特別賞にマルコシアス・バンプ、宮尾すすむと日本の社長、そしてベスト・コンセプト賞と大賞にたまが輝いた。他にもみうらじゅんが組んだバンド「大島渚」※3や、人間椅子、BEGINらも出演している。

※3　マンガ家のみうらじゅん（Vo、G）、喜国雅彦（B）が中心となって結成されたバンド。番組出演時のメンバーは2人の他、塩沢俊明（G）、カメラマンの滝本淳助（D）、デザイナーの玉手峰人（Key）。

「バンド合戦なんてどうですか？」

『イカ天』の話は、三宅裕司の事務所アミューズから来たんです。『メリー・クリスマス・ショー』を一緒にやったこともあって、信頼してくれていたのかもしれませんね。それまで三宅裕司で『土曜深夜族』という番組を放送していたんですけど、なかなかうまくいかなかったみたいで、「菅原さん、なんかいい企画を考えてくれませんか？」って話が来たんです。

2時間半の生放送で何をやるか。三宅さんのいいところは音楽が好きなこと、素人いじり。考えているうちに、昔は『勝ち抜きエレキ合戦』みたいなバンド合戦番組があったのが頭に浮かびました。僕もよく見ていたし、友達も出たりしていたけど、この頃はもうありませんでした。

「バンド合戦なんかどうですか？」

「ホントにできるんですか？　もしできるのなら、それが我々の一番やりたいことです！」

僕が提案したら、アミューズ側はとても喜んでくれたんです。

僕もやり始めるまでは、こんなにレベルの高いアマチュアバンドがたくさんいるとは思っていなかったんですけど、面白いバンドが次から次へと出てきてびっくりしましたね。この時代は〝地下〟にいろんなバンドが山のように眠っていたんですよ。

バンド経験者が築いた芸能界

実は僕も大学時代、景山民夫たちとバンドを組んでいたんです。

僕と民夫は、慶應で同じ「商業美術研究会」[※4]というクラブに入っていました。当時は企業から大学のサークルに「海の家『キャンプストア』をやらないか」という話が来ることがあって、2年生のとき、僕らのクラブにもサントリーから提案があったんです。その下見で三浦海岸に行きました。

そのとき、新入生でサッカー地のバミューダパンツのスーツに細身のニットタイ姿の男が砂浜にやってきました。その男が景山民夫だったんです。

「変なヤツが入ってきたな」

それが民夫の第一印象。でも気が合って、それから彼らとカントリー&ウエスタンのバンドをつくりました。

※4　このクラブの菅原の4年下には、『ALWAYS 三丁目の夕日』や『ゴジラ-1.0』（第96回アカデミー賞視覚効果賞）を製作した映画プロデューサーの阿部秀司（2023年没）がいる。

バンド名は「ローファーズ」。僕がバンジョーで民夫がウッドベース。背が高いからベースが似合うだろうってだけで担当になったから当然、テクニックもないんです。それで段々、フォークソングになっていき、いつの間にかコミックバンドになっちゃった。

当時コミックバンドといえば、「ザ・ドリフターズ」と、そこから抜けたジャイアント吉田さんと小野ヤスシさんたちがつくった「ドンキー・カルテット」[※5]が2大巨頭だったんですが、僕らは圧倒的にドンキーファンでした。ドリフターズは大衆路線で、ドンキーはやっぱりマニアックなところがありましたから。

それを真似して、ラブソングを歌っているときに民夫が入ってきてくだらないセリフを喋ったりして、学生バンドの中ではそこそこ人気があったんです。ドンキーの小野ヤスシさんも見に来て面白がってくれたりして。解散するときは、ドンキー・カルテットが「惜しいバンドがなくなった」とパンフレットに祝辞を書いてくれました。小野ヤスシさんとの付き合いは、その後ず～っと、彼が亡くなるまで続きました。ジャイアント吉田さんなんて武闘派だから、赤坂の柔道場で一緒に稽古したりしてたんですよ。

よく菅原と食事に行っていた町山広美は、「菅原さんは、自分の話をすることは滅

※5　1964～1970年に活動したコミックバンド。ザ・ドリフターズを脱退した小野ヤスシ、ジャイアント吉田らで結成。『宮本武蔵』などの曲がヒットした。

多にないんですけど、学生時代にバンドをやってたんだってことだけはよく話してくれました」と証言する。

「テレビで司会をしているあの人も、番組の作り手も、あの芸能プロの社長も学生の頃からバンドをやっていた人たちが多いんだよと教えてもらって、ああ、テレビ番組ってそういう〝遊び人〟たちがつくっているんだなって思った記憶があります」（町山）

事実、ハナ肇とクレージーキャッツやザ・ドリフターズの面々を筆頭に、バンドマンがバラエティ番組で活躍した例は枚挙に暇がない。露木茂や徳光和夫、大橋巨泉、タモリらがバンドの司会者をやっていたのも有名な話だ。日本テレビの井原高忠や秋元近史ら作り手側にもバンド出身者は数多く、渡辺プロダクションの渡邊晋、ホリプロの堀威夫、田辺エージェンシーの田邊昭知ら芸能プロダクションを立ち上げた者たちの多くもバンド出身者だ。

2時間半、ぜんぶ生放送だから面白い

バンド合戦なんてこれまでテレビで散々されてきた企画だから、なにか差別化したかった。それで、**「2時間半の放送枠全部を生のバンド合戦にしよう」**って言ったん

です。そしたらＴＢＳの編成の方が「2時間半全部ですか？」と渋い顔をしました。確かに2時間半ずっと同じ企画だと不安ですよね。しかも、主役になるバンドはほとんどが素人ですから、まったく目途が立たない。でも、だからこそいいと思ったんです。「全部だから面白いんですよ。30分バンド合戦やって、別のコーナーをやっても面白くない。マラソンだって、ドーンと始まって、ずっと1位の人を追いかけているから面白い。バンド合戦をそういう風に見せるのが面白いんじゃないですか。**企画って、まさか、そんな！っていうところがないと話題にならないんです**」

でも、結局ＴＢＳの意向を聞いて、最初の30分は女優さんを呼んで「お熱いのはお好き？」というトークのコーナーをやって、バンド合戦に入っていくことになったんですけど、だんだんバンドが話題になっていったから、最初のコーナーはやめてバンド合戦だけにしました。

司会の三宅裕司さんは、まだ「スーパーエキセントリック・シアター」[※6]を活動の中心にしていた頃に、ちょくちょく『タモリ倶楽部』にも引っ張り出して出演してもらっていました。僕は三宅さんの芸風が好きなんですよ。ちょっとアナーキーにキレたりする感じ。今は〝いい人〟みたいなイメージがあるかもしれないけど、実は突然エキセントリックに変身するあたりが面白くて、そういう部分をテレビでもっと出し

※6　1979年、三宅裕司、小倉久寛を中心とした通称「SET」。元劇団員には岸谷五朗、寺脇康文らもおり、彼らはコントユニット「SET隊」を結成し活動していた。

たいなって思っていました。それが『イカ天』でパンク三宅になったりしたんです。

第1回の審査員は、音楽評論家の萩原健太を審査員長に、オペラ歌手の中島啓江、「タクティシャン（作戦参謀）」を自称する音楽プロデューサーのグーフィ森、『すみれ September Love』のヒットで知られる一風堂のリーダー・土屋昌巳、そしてマイクパフォーマンスで人気だったプロレスラーのラッシャー木村を入れて5名。

その後も、言葉少なに辛口なコメントをして人気を博したベーシストの吉田建やギタリストの伊藤銀次、ドラマーの村上〝ポンタ〟秀一、音楽ライターの湯川れい子といった音楽畑の人材が当然中心だったが、「ハードボイルド作家」という肩書で登場した内藤陳、ファッションプロデューサーの四方義朗（よもよしろう）の他、ゲスト審査員としてマンガ家の内田春菊、岡崎京子や桜沢エリカ、コラムニストのナンシー関、そして大島渚ら様々なジャンルから多種多様な人たちが起用された。

審査員は、萩原健太とか吉田建、伊藤銀次のようにロックバンドを審査するのにミュージシャンやプロデューサーにお願いするのは当然として、正統派ボーカリストも入れたいと思ってオペラ歌手の中島啓江さんに入ってもらいました。

僕がどうしても入れたいとこだわったのは、プロレスラーのラッシャー木村さん。[※7]当時プロレスラーとして試合の中でマイクを持ってパフォーマンスをすることで話題になってました。「ロックは魂だ」ってことで、そこでひとりだけハンドマイクで喋ってもらったんです。本当に音楽畑でずっとやってきたような音楽班の人がつくったら、絶対にラッシャー木村なんて入れてないと思うんだけど、**僕にとっては、ラッシャー木村こそが大事だったんです。**音楽の専門家だけが真っ当に審査しても普通のバンド合戦になってしまう。

ラッシャー木村さんも、ちゃんと「耐えて燃えろ!」みたいに自分なりの言葉で喋ってくれましたから。みんなそれぞれのカラーをしっかり出してくれた。あれが音楽畑の人だけだったらそうはならなかったかもしれない。ミュージシャンなのに吉田建さんなんてよく暴言吐いたりしてましたね。

キチンと音楽にたずさわっている人と、全然関係ない世界にいるけれど、どこか生き方に納得のできる人、魂がロックしている人を混ぜるというのを意識しましたね。

審査方法をどうするかはみんなで考えて、審査員が「もう見たくない」と思ったときにボタンを押すと、段々画面が小さくなって、ワイプになっていくというゴングショー形式にしました。やっぱり1曲1曲が長いから、短くするためにはどうする

※7　1941〜2010年。国際プロレス時代はエースとして日本初の金網デスマッチを行い、全日本プロレス時代には朴訥とした迫力のあるマイクパフォーマンスで人気を博した。

かっていう風に考えたんですよね。

「在宅審査員」という制度があったのもユニークだった。音楽業界関係者ら（第1回はレコード会社13社、雑誌編集部10誌、音楽評論家・ライター7名という内訳。徐々にその人数は増えていった）がFAXで投票し、もっとも票を集めたバンドに「在宅審査員賞」が贈られる。だからすぐに音楽業界を巻き込み人気になっていったのだ。

番組が話題になるにつれ、レベッカのNOKKOや作家の林真理子といった在宅審査員以外からもFAXが届くようになった。映画監督の大島渚が審査員として出演した日には、それ以前に「大島渚」というバンド名で出演したみうらじゅんが似顔絵を添えて「勝手に名前を使ってごめんなさい」と書いたFAXを送ってきた。

みうらじゅんは、『イカ天』により巻き起こったバンドブームの到来に「ついに時代が来た！　これで非難はされない！」と歓迎した。しかも、実際に『イカ天』に出ると大絶賛された。自分の曲が褒められたのも初めてだったという。それまでテレビに出たことはあっても街で顔を指されることはほとんどなかったが、「大島渚の人」と言われるようになり、ブームのスゴさを実感した。

「音楽シーンは飽和状態で、フォークもロックもポップも通過してテクノまでいってたから、『イカ天』みたいな特にこだわりのないゴッタ煮の番組ができたんだよね。これがロックだけのブームだったら、あそこまで盛り上がらなかっただろうね[※8]」

主役が素人だからどんな番組になるかわからないという不安はありましたよ。つくり込んだ番組じゃない。極端なことを言ってしまえば、生で出てきてもらうだけという企画ですから。

初回からスゴかった。ワイプが小さくなっていったヒステリックスっていうバンドの女性ボーカルが、「こんなヤラセ番組つくりやがって！」みたいなことを言って「バカヤロー！ 脱ぐぞ！」ってパンツまで脱いじゃった。慌ててカメラマンが三宅さんのアップに振って、事なきを得たんだけど。それが話題になって最初から注目されたから、『イカ天』最大の功績者は、ヒステリックスのボーカルですよ。今どうしているかな〜。

ハウフルス流美術セット

バンドは障子が開いて登場する。その障子の上部には大きく「平成」と書かれ、障子を開けた奥にはイカを模した番組のロゴが描かれている。周りの壁は、障子を中心

※8 『日経エンタテインメント！』2007年3月増刊号

として太陽が光を放つ旭日旗のようなデザイン。和風というか、エスニックテイストのセットが特徴的だった。

番組はあくまでもアマチュアバンドが主役ですから、考えたのは、彼らが登場した時、いかに面白がってもらえる空間にするかってこと。かっこいい音楽番組みたいなセットにするより、テレビっぽくない空間で迎えたい。だって魂を競っているんだから、その方が登場感があるし、彼らのキャラクターも見えてくると思ったんです。だから、セットはロックのノリにプラスして、和風の異質なテイストにしました。

障子があって、英語の掛け軸があって、富士山があって朝日が輝いていて……。セットって難しいんですよ。ちゃんとした空間的なセットをつくるとめちゃくちゃお金がかかるし、中途半端だと「なにこれ？」となっちゃう。

大体、カッコいいセットをつくるとカッコ悪く見える。だから、どこかで日常の空間じゃないものをつくりたいなといつも思っている。普通のテレビの美術デザイナーに頼んじゃうとどうしてもテレビっぽくなっちゃう。だから僕は大体自分でラフスケッチを描いてから美術デザイナーに発注するんです。

僕がつくるセットに富士山の絵とかが多いから「富士山好きなんですか？」とか聞

現在の『秘密のケンミンSHOW』セット

現在の『アド街ック天国』セット

かれるけど、違うんですよ。美術はある程度の予算でやるわけだから、どこかで壊していかなきゃならない。そうすると、普通のセットの前に富士山があったりすると何かぶっ壊している感じがしてオシャレじゃない？って言うんですけど、「どこがオシャレなんですか？」って言われちゃうよね（笑）。

「オシャレだね」っていうのは、どれだけバカやっているかということであったりすると思うんです。だから、くだらないものをどう見せるかという、自分の中の物差しがありますね。普通のセットの前に富士山がドーンとあってその後ろで朝日が輝いていたりする方が異空間であってカッコいいんですよ。

この番組でも「生き方がロックだ」ということで大島渚監督に審査員として来てもらったんですけど、大島監督があるとき言ってくれたことがあるんです。

「菅原さんのつくる番組は面白いですけど、いちばんスゴいのはセットです」

やっぱりテレビってチャンネルを回して、視聴者の目に画面が留まるかどうかが大事ですから。大体テレビのセットってつくり方が似ているから、なるべくそれを壊して、妙な空間をつくって、バカだなあ、くだらないなあって思ってもらいたいんです。

COLUMN

業界用語の基礎知識　菅原正豊

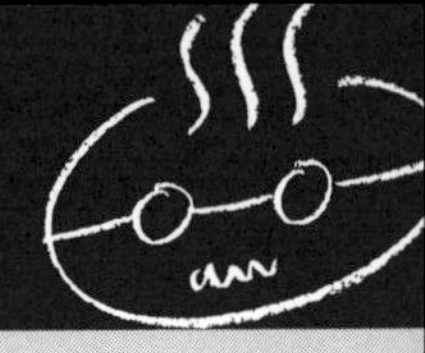

AD

だれでも知っているアシスタントディレクターのこと。「テレビ界の底辺で働く3K職業の代表」なんて言い方をされ続けておりますが、こうしたマスコミの誤った報道のため、AD志望者は激減し、需要と供給のバランスはくずれました。そのため今やADは社内において、一番恵まれた地位を勝ちとったのです。制作会社においては、もしかしたら、社長より大切にされているかもしれません。当たり前のことですが、社長はいなくても番組は作れますが、ADがいなかったら、番組は作れないのです。彼らは昼過ぎから出社し、会議の席では睡眠をとり、夕食は焼き肉食べ放題、帰りはタクシーの生活です。しかも、あこがれのタレントから「ちゃん」づけで呼ばれるのです。あなたもADになって、青春をおう歌してみませんか……。

1993.11.16

※ 現在のADが焼き肉食べ放題、タクシー乗り放題かどうかはADになってみてから体験してみて下さい。

美術セット

スタジオのセットは番組にとって顔といえます。美術セットは専門の美術会社に発注します。基本的にはディレクターが番組内容と自分のセットイメージを説明して、美術デザイナーがそれをもとにデザインします。この打ち合わせにはプロデューサーと美術進行が同席します。彼ら抜きで進めると予算のことを無視してプランが盛り上がり、結果とんでもなくカネがかかり、制作と美術の間でトラブルが発生してしまうのです。美術セットは簡単な家1軒を建てるのと同じくらいの費用がかかります。普通の人が一生に1回、建てられるかどうかのものを、アパートの家賃も滞納してるようなディレクターが思いつきで1～2時間の打ち合わせで発注してしまうのです。トラブルのおきない方が不思議です。家を建てる時は今後の自分の生活設計を考え、夢の実現に向けてじっくり計画を立てましょう。しかし、そんなことをしていたら……本番の日はせまっているのです。

1994.3.28

第4章

番組は商品ではなく「作品」です

日テレ復活を支えた『ショーバイ』と『マジカル』

90年代に入ると、菅原率いるハウフルスは、テレビのど真ん中・花形であるゴールデン・プライムタイムで、『夜も一生けんめい。』、『THE夜もヒッパレ』、『タモリのボキャブラ天国』、『チューボーですよ!』、『出没!アド街ック天国』、『どっちの料理ショー』など次々と高視聴率を記録する大ヒット番組を手がけていった。〝快進撃〟である。

80年代に低迷していた日本テレビが90年代に躍進し、視聴率四冠王となったが、菅原はその立役者のひとりとも言われている。復活した日テレの「基盤を作った男」(『週刊朝日』1994年7月15日)と評されるほどだ。

日テレは80年代後半、相当苦しんでいたんですよ。そこで当時の制作部長だった高橋進さんをリーダーにして、小杉善信[※1]、渡辺弘[※2]、吉川圭三[※3]、五味一男[※4]という30代の若手の優秀な社員が集まって「クイズプロジェクト」を立ち上げたんです。

「局の看板となるゴールデンタイムのクイズ番組をつくろう」

※1　1954年生まれ。元日本テレビ代表取締役社長。日本テレビのプロデューサーとして『SHOW by ショーバイ!!』『夜も一生けんめい。』に携わった。

※2　1952年生まれ。元日本テレビ専務取締役。日本テレビ入社後、「クイズプロジェクト」チーフとして、『マジカル』『夜もヒッパレ』をプロデューサーとして立ち上げた。

という目的でした。いまの日テレがあるのは、あの頃があるからだと思いますよ。日テレが動き出した感じがしました。それまではどっちかっていうと日テレも、伝統的な音楽班が強かったんですけど、そのあたりからバラエティ班に若くてイキの良い社員が出てきましたね。

小杉善信と渡辺弘は同期で、日テレが6年ぶりに新規採用を復活させた年に入ってきた社員でした。その小杉さんが1988年に『クイズ世界はSHOW by ショーバイ!!』を立ち上げる時に、高橋さんが、僕に声をかけて小杉と引き合わせてくれました。高橋さんは『11PM』で僕が学生ADのときにディレクターのひとりだったんです。当時の高橋ディレクターは特殊な発想をする稀有な演出家でした。

小杉と渡辺が日本テレビに入社したのは1976年。それ以前の6年間、日本テレビは新卒採用をしていなかった。なぜなら1969年、日テレ創始者の正力松太郎が亡くなったわずか2日後、大蔵省（現・財務省）から、いわゆる「粉飾決済」を指摘されたのだ。

これを受け、経営の改善と信用回復のため、社長として招かれた読売新聞の副社長だった小林與三次（よそじ）は、混乱が収拾できるまでの間、社員の新規採用を見送ることとし

※3　1957年生まれ。日本テレビのプロデューサーとして『世界まる見え！テレビ特捜部』『恋のから騒ぎ』などを手掛けた。

※4　1956年生まれ。日本テレビ入社後、『マジカル』『特ホウ王国』『速報！歌の大辞テン!!』などを企画演出しヒットさせ、『エンタの神様』なども手掛けた。

た。80年代前半、日本テレビが世代交代に失敗し、スターディレクターが登場しなかった要因のひとつだ。育てようにもそもそも人がいなくなったのだ。
ちなみにちょうどこの「空白の6年間」の真っ只中に菅原は大学を卒業。後述するが、日テレ入社を考えていたが叶わず、自分の会社を立ち上げることになった。その菅原が、新卒復活1期生である小杉や渡辺と組んでヒット番組をつくり、日テレを復活させていくというのは奇妙なめぐり合わせを感じる。

小杉さんはそれまでゴールデンの番組しかやったことがなかった。逆に僕は深夜番組ばっかり。真逆だからこそ、面白いんじゃないかと高橋さんは考えたみたいですね。それで僕は、企画もですが、番組のロゴやセットのデザインのアイデアを出していきました。
司会は、当時フジテレビを退社したばかりの逸見政孝さん[※5]。フジテレビ時代は生真面目なイメージがあったけど、根は明るい人だから、その部分を引き出そうというキャスティングでした。

逸見政孝はちょうど『SHOW by ショーバイ』が始まる1988年の3月にフ

※5　1945〜1993年。フジテレビアナウンサーだったが、後にフリーに。久米宏らとともに、タレント的な人気アナウンサーのはしりとなった。

ジテレビを退社していた。「フジテレビの顔」のような人物で、"禁じ手"に近いが、「打倒フジテレビ」に向けて、これ以上ない人選だった。本人もフジテレビ入社以来、ずっとクイズ番組の司会をしてみたいと思っていたが、それが叶わなかったため、望むところだった。これがフリーとなって初めての他局での仕事となった。

１９８８年10月から始まった『ＳＨＯＷ ｂｙ ショーバイ』はそのタイトルどおり「商売」をテーマにしたクイズ番組。「ミリオ〜ンスロットー！」というコミカルなジェスチャーや「なにを作っているのでしょーか？」というような独特な言い回しは、番組開始当初は観覧客にも失笑されたというが、逸見の生真面目なイメージを壊し、硬軟を厭わない人気司会者となった。

渡辺弘さんとは一緒に『マジカル頭脳パワー‼』を立ち上げました。でも、『ＳＨＯＷ ｂｙ ショーバイ』は小杉・五味、『マジカル』は渡辺・五味の番組ですね。『ショーバイ』『マジカル』『一生けんめい。』『ヒッパレ』『宴会エンタテイメント』、そして『24時間テレビ』……この頃は毎日のように日本テレビの小杉Ｐ、渡辺Ｐといくつもの番組をかけもちして、次から次へとアイディアを出し合い、作り続けていた時代ですね。メチャメチャに忙しかったけど、ホントに楽しい毎日でした。

「行動力」の小杉善信、「緻密さ」の渡辺弘、タイプの違う二人の優秀なテレビマン、そして日本テレビのスタッフたちとある時期を一緒に過ごし、戦っていたことは僕のテレビ人生の中で最高の財産ですね。

スガワラ印の発明「10面マルチ」

『SHOW by ショーバイ』や『マジカル』をやりながら、菅原はフジテレビでも番組と関わっている。その時のフジのプロデューサーが太田英昭。[※6]太田は当時の情報系番組のエースで、業界では「鬼のプロデューサー」などと恐れられていた。のちにフジテレビ社長となり、産経新聞の社長、会長にまでのぼりつめる。

その当時、太田がつくった番組が『なんてったって好奇心』。[※7]最初の司会者はまだ局アナだった逸見政孝が務めていた。

『なんてったって好奇心』で太田は「フジテレビ10月改編の裏側」と題して、1987年当時の10月改編のありさまを番組として取り上げた。この時太田が選んだディレクターが菅原だった。

改編のなりゆきを番組が取り上げること自体が画期的な企画。しかもそれを任され

※6　1946年生まれ。1969年にフジテレビに入社し、『おはよう！ナイスディ』のチーフディレクター、『なんてったって好奇心』のチーフプロデューサーを務め、『ザ・ノンフィクション』BS『プライムニュース』を立ち上げた。

※7　1986年10月〜90年3月まで放送された、フジテレビ制作の情報番組。放送当初の司会者は当時局アナだった逸見政孝が務めた。

たのが外部のプロダクションのディレクターなのだ。

菅原はその一部始終を面白がりながら番組につくり上げた（その時『好奇心』のスタッフには、のちに神奈川県知事となる黒岩祐治がいた）。このノンフィクションはフジテレビでしばらく新人研修の素材として使われていたという。

そして『好奇心』に菅原が出した企画が、「日本の10人シリーズ」。一つのジャンルの中で、日本が誇る10人を一人ずつ紹介して、マルチの枠に埋めていくシリーズである。

最初の企画は「日本の寿司職人10人」、これが高視聴率を記録したのだ。

菅原はこの時、番組に一つの〝発明品〟を生み出した。それが現在にいたるまでハウフルスの代名詞ともなっている「10面マルチ」である。

画面のセンターにテーマ名が入り、その周りを①から⑩の数字が取り囲む、そこに紹介された10人が一人ずつキャッチフレーズ（たとえば「名人」「奇才」「達人」「気鋭」……等々）とともに埋まってゆく。商標登録はしてないが、このマルチデザインには©マークまで入っている。

この「10面マルチ」はその後、『アド街ック天国』を筆頭にハウフルスの数多くの番組で使用されている。

10面マルチ（『アド街ック天国』より）

この「10面マルチ」のデザインを思いついたことが、その後のハウフルス躍動への出発だったといっても過言ではないと思いますよ、ホッホホ。

当時ハウフルスの主戦場だった日本テレビは、夏場は野球中継が中心で、レギュラーのバラエティ番組はこの時期は休憩せざるをえない状況だったんです。つまり、夏場は売上がないんです。日本テレビで仕事をする制作会社の多くはこれが一番の問題でした。僕が悩んでいるのを知って、太田さんがこんな提案をしてくれました。

「だったら8月の『好奇心』は4回連続『日本の10人シリーズ』でやってみよう」

それで取り上げたのが「洋食職人」「天ぷ

ら職人」「ケーキ職人」「餃子職人」。4週連続のゴールデンタイムの1時間ですからね。この年の夏は、それで会社の経営が成り立ったんです。

当時、太田さんは、硬派ひとすじの闘争系テレビマンなんて言われてましたけど、そういう一面もあったんです。太田さんとはその後、『ニュースバスターズ』[※8]も一緒につくり、太田さんが局長になったときには『3世代比較TV ジェネレーション天国』[※9]も立ち上げました。

テレビをやっていて嬉しいのは、いろんな人と出会えたことですね。そんな人たちに支えられてきたから今があるんですよ。

エンドロールは喜びであり責任

この同時期にフジテレビでやったのが『スーパータイムスペシャル』[※10]です。

フジテレビの報道局から、報道素材で特番をつくりたいという話がうちに来たんです。この頃はまだ、いわゆる衝撃映像を扱う番組がなかったんですよ。日テレの『世界まる見え！テレビ特捜部』はまだ始まっていませんでしたから。

それで、そういう映像を集めて「報道アカデミー大賞」という企画をやったんです。

※8　1988年に放送されたフジテレビ制作の情報番組。ハウフルスは制作協力に関わった。

※9　2013〜2014年にフジテレビ系列で放送されたバラエティ番組。各世代を代表するゲストがトークを繰り広げる内容で、ハウフルスが制作協力、菅原は総合演出を務めた。

司会は露木茂さんと安藤優子さん。フジテレビの報道局が30周年という節目だったから、その中から「作品賞」「男優賞」「女優賞」を選ぼうという企画を考えました。「男優賞」は長嶋茂雄とか田中角栄とか、「女優賞」は美智子妃殿下（現上皇后）やダイアナ妃がノミネートされて。「作品賞」は、確か「あさま山荘事件」でしたね。そういうのを縦軸でやりながら、衝撃映像みたいな映像を流していく。これがいきなり視聴率30パーセントを獲ったんです。僕はそれまでほとんど深夜番組だから、10パーセントも獲ったことないから驚きました。僕の中ではかなり画期的な出来事でした。

やっぱり視聴率は獲りたいと思っていますよ。だって、仕事としてもらった以上は、視聴率なんて関係ないよ、好きなことをやるんだというのはありえないわけだから。だけど、視聴率を獲るために、自分のこだわりとかを捨てるんだったら、僕がやる必要はない。自分のやりたいことがあった上で、視聴率を獲るために少し我慢しなきゃいけないこともあるだろうし、それはいいと思いますけど、ただ視聴率のためだけにはやりたくはないですね。

たとえば、**エンドロールをなくしたり、ものすごいスピードで飛ばしちゃうみたいなことは絶対にやりたくない。**エンドロールが流れ出すと番組が終わるって視聴者も思うから、数字が落ちるという理屈はわかりますよ。だけど、最後に自分の好きな音

※10　ニュース番組『FNNスーパータイム』の番外編として1990〜96年の間に放送された報道バラエティ番組。衝撃映像、お宝映像、ハプニング映像を取り上げた。

楽でテロップが流れて、こういうスタッフがつくった番組なんですよって伝えたいじゃないですか。それがテレビ屋としての最高の喜びであり責任だと思うんですよ。それを飛ばしちゃうなんて、僕は作り手として悲しいなと思うんです。**やっぱり番組は「商品」じゃなくて「作品」なんですよ。**だから、うちの番組ではそれは絶対にやめろって言ってるんだけど、でも……うちも最近は結構早くなってきてますね……。

逸見政孝との再タッグ『夜も一生けんめい。』

日本テレビで『SHOW by ショーバイ』や『マジカル頭脳パワー』のヒットによって信頼を得た菅原が、ここから小杉プロデューサーと組んで立ち上げた番組が『夜も一生けんめい。』だ。

1990年から1995年まで放送された土曜23時台の30分番組。初代司会者は逸見政孝で、毎回ゲストを招き、トークと音楽ライブで構成された音楽バラエティ番組だった。この番組をベースに毎年、春と秋と年末に『芸能人ザッツ宴会テイメント』と題された特番も放送。この特番には『夜も一生けんめい。』の出演者に加えて、堺正章が「特別レギュラー」として出演している。

『SHOW by ショーバイ』がヒットして、逸見さんでもう1本つくりたいということになったんです。ちょうどその頃、『今夜は最高！』の後番組が、もうひとつうまく行ってなくて、スポンサーのパイオニアから「なにか新しい音楽番組をやって欲しい」と話があって、逸見さん司会で**『夜も一生けんめい。』**という音楽バラエティを企画したんです。「音楽で遊ぼう」というコンセプトで、ビジーフォーを入れて、逸見さんとゲストでトークしながら、「こんな曲があった」と言うとビジーフォーのモト冬樹がギターを弾いて、グッチ裕三がハモリをつけたりしてみんなで歌うみたいな、その場でいろんな展開ができる音楽番組を考えたんです。

途中から司会に美川憲一（ご意見番）と杉本彩（アシスタント）を加えて、ちょっと〝夜〟っぽくしたんです。逸見さんだけがちょっと浮いていて、その分、逸見さんが頑張っている感じの画が面白かったんです。

やっぱり、この番組が成功したひとつの要因は、逸見さんが音痴だったこと（笑）。もちろん僕はそんなこと知らなかったんだけど、歌わせたら音をハズすんですよ。でも逸見さんは平気なの。そこが憎めなくて素敵なんですよね。

逸見さんがガンで亡くなったのはショックでしたね。あんな人はなかなかいない。

最期まで自分のスゴさに気づいていないんじゃないかというくらい謙虚な人でした。テレビが好きでしょうがないまま、燃えつきた人。テレビの歴史の中でも稀有な存在でした。

逸見政孝は1993年9月6日、記者会見を開いた。

「私が今、侵されている病気の名前、病名は、ガンです」

当時、芸能人が自らガンに侵されていることを公表することは異例中の異例で大きな衝撃が走った。当時、ガンは現在よりも遥かに死に直結する病気というイメージだった。ガンと闘うため3ヶ月間仕事を休むことを時折声をつまらせながらも、涙を落とすことなく力強く宣言した。

だが、非情にもこの年の12月25日、逸見政孝は48歳で帰らぬ人となった。亡くなる3日ほど前、混濁する意識の中、死を悟った逸見がこう訴えたと伝えられている。[※11]

「菅原を呼んでくれ」

※11 『週刊朝日』1994年7月15日号

三波春夫にヒップホップ、和田アキ子にアイドルメドレー

『夜も一生けんめい。』では、ゲストには普段と違うことをやってもらいました。たとえば、三波春夫さんには、ヒップホップに挑戦してもらった。普通、三波春夫さんにそんなこと頼まないじゃないですか。でもこっちは純粋な音楽番組なんかやったことがないから、やったらオシャレに映るんじゃないかな、って思って。そしたら「いいですよ」って。「え、いいんですか?」って頼んだほうがびっくりしちゃう。やっぱり一流の人は懐が深い。めいっぱい頑張ってくれて、最後は花吹雪の中、大拍手ですよ。「楽しいね、こういう番組」と言ってくれて嬉しかったですね。

プロデューサーの小杉さんと一緒にゲストに提案しに行くんですよ。北島三郎さんには、黒人のフィーリングがあるんじゃないかってゴスペル中心の歌メドレーを提案したり、「幸福の科学」入信騒動があった小川知子さんには、「幸福(しあわせ)」の歌メドレーを歌ってもらったり、和田アキ子のマネージャーに彼女が一番苦手なものがアイドルだって聞いたから、アイドルメドレーを歌ってもらったりしました。

加山雄三さんもそう。僕は学生時代から加山さんがアイドルで憧れていたんですよ。

曲も大好きなんだけど、加山さんの歌って、コード進行が似てるじゃないですか。それで加山さんの持ち歌5曲を同じ伴奏で、同時に5人の歌手に歌わせるという企画を考えたんです。憧れの人だし、どうなるかなって提案したんですけど、

「面白いね、やってみようよ」

加山さんは快諾してくれました。みんなテレビで揉まれて育った人たちだから、テレビで遊ぶことが好きなんですよ。でもスタッフが信頼できるか、ってのもありますよ。一つ間違えたら危険ですから。

『サライ』、24時間マラソンが生まれた『24時間テレビ』

菅原への篤い信頼をあらわすのが、日テレが看板特番といえる『24時間テレビ』の総合演出に菅原を起用したことだ。

1991年の『24時間テレビ』は歴代最低の視聴率を記録。だが、社会的に意義の大きいチャリティ番組を視聴率が悪いという理由でやめるわけにはいかなかった。そこで考えられたのが番組の抜本的なリニューアルだった。

菅原は、その1992年と続く1993年の総合演出に起用されたのだ。『24時間

テレビ』で、局外部のディレクターが総合演出を務めるのは異例中の異例。「何としても変えて成功させる」という決意のあらわれだった。

結果、ダウンタウンを起用したリニューアル1年目の１９９２年に歴代最高視聴率を記録する。そして視聴率だけではなく、その後の番組テーマ曲となる『サライ』を生放送中に制作し、現在に至るまで続く、「歌」と「マラソン」を柱とするフォーマットを生み出したのだ。


92年の『24時間テレビ』は小杉善信と渡辺弘と僕で立ち上げたんですよ。当時『24時間テレビ』は昔『11ＰＭ』もやってらした都築(つづき)忠彦[※12]さんの企画で、1回目からずっとやられてたんです。だけど、この頃には数字的には低迷していました。当時の加藤編成部長に呼ばれて、言われたんです。

「新しい形のチャリティ番組を考えられないか」

僕は日本の偽善っぽいチャリティを好きじゃなかった。だからそんな番組は興味なかったんだけど、恵まれない人たちのドキュメンタリーを見せて募金を募るんじゃなくて、もっと遊んで楽しい中で募金を集めるような番組だったらいいかなと思ったんです。それでひとつのコンセプトを立てました。

※12　1935年生まれ。元日本テレビのプロデューサーで、『11PM』の「巨泉　考えるシリーズ」を担当し注目される。『24時間テレビ「愛は地球を救う」』を立ち上げ、1978年の第1回から91年の第14回まで担当、翌年の第15回を菅原らが担当した。

「武道館にでっかいミラーボールを吊るして、ここを音楽の殿堂にする」「愛の歌ベスト100」を選んで、ここにいろんな人を生放送中に呼んで、歌いに来てもらうことでチャリティにつなげる企画が生まれました。1年目にはアート・ガーファンクルも来てくれて、『明日に架ける橋』を歌ってくれたんです。吉本新喜劇で人気だった間寛平ちゃんにも出てほしいって言ったら、マネージャーが、「じゃあ、寛平を走らせましょうか」という話になって**「24時間マラソン」**が生まれたりしましたね。

それで一番チャリティが似合わないタレントを司会にしようという発想でダウンタウンを司会にすると決めたんです。ダウンタウンもよく受けたと思いますよ。それで僕が考えたコピーが、

「チャリティやで‼」

今考えてもいいコピーですよね（笑）。

『24時間テレビ』のタイトルデザインは、グラフィックデザイナーの浅葉克己さんにお願いしました。『夜もヒッパレ』のデザインも浅葉さんなんです。

『メリー・クリスマス・ショー』では桑田とユーミンがつくった『Kissin' Christmas』を本番中に練習してエンディングで歌ったので、今度は加山雄三さんと谷村新司さん

に24時間の間に曲をつくってもらって、エンディングでみんなで歌うという企画を考えました。加山さんも谷村さんも『夜も一生けんめい。』での付き合いです。それが今でも番組のテーマ曲になっている『**サライ**』ですね。

やっぱりこのときもどうなるかわからない。武道館で「愛の歌ベスト100」みたいなことをやりつつ、『サライ』をつくる。その間、「寛平ちゃんはひたすら走っている」。1年間近く準備してきたものでした。それがしっかり形になったのは、やっぱり感動しました。

往年の歌手が今のヒット曲を歌う『夜もヒッパレ』

92年に続き、93年の『24時間テレビ』も成功させた菅原。レギュラー番組の『夜も一生けんめい。』も引き続き好評で、94年4月には、放送時間を1時間に拡大し、時間帯も22時台に上がった。それに伴ってタイトルも『夜もヒッパレ一生けんめい。』にリニューアルした。

前半は「『ベスト10』の歌を本人以外の人が歌う」コーナー、後半は『夜も一生けんめい。』の形式が継承された、いわば2本立ての番組だった。翌年には前半のコーナーが好評だったため、それを独立させ『THE夜もヒッパレ』とタイトルを変えた。当時、巷で音楽番組は停滞気味だった。この時代、アーティストはテレビに出ない方が「ありがたみ」があるという風潮もあった。そこで考えたのが、本人が出ないなら、ベストテンにランクインされた曲を、他の人に歌ってもらおうという企画だ。

『THE夜もヒッパレ』は、最初、『夜もヒッパレ一生けんめい。』というタイトルで2段構えだったんです。放送時間が1時間に延びたんで、後半30分は『一生けんめい。』で前半30分をヒットパレード形式にした。それで30分「引っ張れ」というのと「ヒットパレード」をかけて、『ヒッパレ』というタイトルにしたんです。

ベストテン形式の番組をやりたいんだけど、ランキングされているような人はあんまりテレビに出る時代じゃなかったんです。だから当時は王道の音楽番組がなかった。だったら、歌の上手い人に歌わせればいいんじゃないかっていう発想ですよ。それに僕はあくまでも**「テレビでエンターテイメントしたい」**という考え方。対して「テレビはプロモーションの場」としか考えない人に無理にテレビに出てもらうことはないじゃないですか。だからやっぱり僕がつくるものは〝本流〟じゃないんです。尾崎紀世彦さんなんて当時の若い人はあまり知らないんだから。でも布施明、狩人、尾藤イサオ、もんたよしのり、桑名正博、つのだ☆ひろ、サーカス、マリーン、渡辺真知子、今陽子、いいエンターテイナーがいっぱいいたんですよ。それをプロデューサーの渡辺弘さんと日テレの編成局長にプレゼンしました。でも局長は、「チャゲアスを狩人が歌って何が面白いんだ?」「ミスチルを尾崎紀世彦が歌って誰が見るんだ」と。

「そこが面白いんじゃないんですか!」

僕はそう言うんですけど、局長は理解してくれない。

だから第1回の1曲目はわかりやすいように和田アキ子に頼んだんです。当時のチャートで10位の山根康広の『Get Along Together』。アッコは「菅原は、いつも最初だけ私を使う」ってボヤいてたけどね。アッコはやっぱり迫力ありましたよ。あそこから、もう火がつきましたね。

狩人は当時、地方回りが仕事の中心でした。でもやっぱりテレビに出だすと、どんどんあか抜けていって華も出てくる。自信も蘇ってくるだろうしね。橋幸夫さんも最初は他人の曲なんて歌いたくないなんて言っていたんだけど、1回出て福山雅治の曲なんて歌うと、若い人たちに「見ましたよ」なんて言われるみたいで、新しいファンが増えて「菅原さん、次いつですか?」って……。そうなると番組は強い。みんな再ブレイクしましたね。いまだに尾崎さんがMr.Childrenを歌った動画が話題に上がりますから。

歌手にとっては毎回挑戦だったと思います。でも、無理難題をクリアしてまで、遊んでくれる人たちと仕事をしたいし、その緊張感がいい関係につながったんじゃないかと思います。そんな歌手の人たちに最高のパフォーマンスをしてもらえるように、テレビで一番と言われるくらい最高のステージを目指してつくりました。

美術セットも「ベスト10ボード」や「ステージ」を、日本テレビアートの名美術デザイナー道勧(どうかん)くんが見事に華やかに仕上げてくれました。照明にもこだわって、ＤＪに赤坂泰彦さんを置いて盛り上げて。画面には映りませんが、スタジオのステージ横に「VIP's Bar」をつくってバニーガールまで呼んで、華やかな「ザッツ芸能界」の雰囲気で盛り上げていました。一番嬉しかったのは、日本にも素晴らしいエンターテイナーがいるんだということが少しでもわかってもらえたことですね。

でも、そういったエンターテイナーと安室奈美恵やＳＰＥＥＤが一緒のステージに立っていた、っていうのが『ヒッパレ』のスゴいところですね。そんな新旧を三宅さんがツッコんで中山ヒデちゃんがボケて、うまく引っかき回してくれました。ＤＪの赤坂くんには、前で何が行われていてもぶった切って入って次の曲を紹介するよう設定したんですが、見事でしたね。カッコよかったですね。

やっぱり出てよかったなというテレビにしたいじゃないですか。スターなのに自分の持ち歌を歌わずに他人の（今週の）ヒット曲を歌うっていうのは「恥」だと思う人たちもいると思うんですよね。だから、一番輝くステージにしてお返ししたかったんです。逸見さんが〝恥〟をかいてあんなにも輝いたように、〝恥〟もかきかたによっては力ッコいい。

だから、**「素敵に恥をかかせる」**のがディレクターの腕だと思うんです。

COLUMN
業界用語の基礎知識　菅原正豊

スタッフロール

番組の最後に流れるスタッフ及び関係会社の一覧表のこと。長いので巻いたテロップを使用するためそう呼ばれています。スタッフロールはなぜか作家から始まり、制作会社、テレビ局で最後となります。ここには番組にかかわったほとんどの関係セクションの名前がのりますが、一番悲劇な労働を強いられたADや、スタッフが一番迷惑をかけたテロップ屋さん、台本の印刷会社はあまりのっているのを見たことがありません。スタッフロールに名前がのる！　この裏には多くのドラマがあります。ADから昇格して初めて名前がのるディレクター、彼はこの感激を実家と学生時代の友人たちに報告します。実家ではこの出来事を親せき中に連絡します。放送当日、彼の関係者だけは、最後のスタッフロールをビデオに収録しながら、かたずをのんで見守るのです。　1993.11.9

※当時は黒くて細長い紙のロールでしたが、現在はハイテク化が進み、主にデコという機械でテロップ同様、編集所で作成するようになりました。

放送作家

基本的には番組の流れを考えながら、台本及びナレーションの原稿を書くことを生業としている人たち。のハズではある。新番組が決まると、まず最初に「作家はだれに頼もうか？」ということから始まります。その場合の選択肢としては「会議が盛り上がるから」「顔が広いから」「変だから……」などの理由で作家は選ばれていきます。最後に「じゃ、だれが書くんだ⁉」ということになって、文章がちゃんと書ける作家が参加します。また、放送作家は他のジャンルの職種に比べて責任がありません。たとえ台本がつまらなくても「あいつに期待したのが間違いだった！」で済まされるのです。彼らのほとんどは外車に乗り、年に数回は海外に遊びに行きます。「責任と収入は反比例する」。これが業界の常識なのです。テレビ番組が出来ていくうえで特殊な能力を持つ人たち、それが放送作家なのです。

1993.10.19

第5章

クリエイターは「オシャレ」で「粋」でありたい、な。

『出没！アド街ック天国』

第1回は「代官山」から始めたい

菅原正豊の特徴のひとつとして多くの人が口を揃えて挙げるのが、「東京」＝「都会的」センスだ。それを色濃く反映した番組のひとつが『出没！アド街ック天国』。1995年から現在に至るまで30年続く長寿番組だ。初代司会者は愛川欽也だった。

「おまっとさんでした！　地域密着系都市型エンターテインメント、『出没！アド街ック天国』。あなたの街の宣伝（本）部長、愛川欽也です」

そんな口上で始まっていたように、コンセプトは「街を宣伝する」こと。もともとの企画書は、「街をひとつの商品と見立てて紹介し、最後に1本その街のコマーシャルをつくる」というものだったという。だからタイトルに「アド」（advertisement）とつけられている。

毎回、東京のひとつの街を取り上げ、ランキング形式で紹介していく。もちろん観光スポットのような名所だけではなく、地元の人しか知らないような店がランクインするのが特徴だ。そして、番組開始からしばらくは、エンディングに愛川を中心に出演者たちが話し合い、街のキャッチコピーを考え、オリジナルのCMをつくるという構成だった。

『アド街ック天国』は、「テレビ東京のゴールデンタイムの番組をやらないか」と声をかけてもらって、企画を考えたんです。テレビ東京でやるなら、テレビ東京でしかできないものがいいと思った。それで、「東京」しか取り上げないという企画。「毎回東京のひとつの街だけを取り上げる番組」にしようと。これはテレビ東京ならではだって自信満々に提案したら、局の担当者が「うちは他にもネット局がありますよ……」って（笑）。

「東京だけって言ったって、銀座、浅草、渋谷、池袋……とか、10回くらいやったらもう他にできないいじゃないですか？」

「いやぁ、大丈夫ですよ！」

笑って応えるんだけど内心は何とかなるだろう……って。しばらくは東京以外の街はやらないコンセプトで地方はかたくなに拒んでいたのですが、ある時期からネット局もあるので、しょうがないなって少しずつ地方の街も扱うようになりました。そのうち段々と「溝の口」とか「平井」とかシブい街でもできるようになって、テレビって面白いなあと思いましたね。

「町屋」とか「亀戸」のような地味な街のほうが、「原宿」とか「六本木」とかより、いまは数字を獲りますからね。逆に狭くしていったほうが受けるんです。「浦和」だって北浦和、南浦和、東浦和、西浦和、武蔵浦和……って何回もできるようになってきた。20年前の「町屋」回のある家で、野球のバッティングトレーニングをしている親子がいたんですよ。それが今シカゴ・カブスにいる鈴木誠也[※1]の少年時代。永久保存版です。『アド街』にはこういう過去素材がいろいろ眠ってるんですよ。

やっぱり再開発された街は近代的すぎちゃって……人情味があって歴史のある街の方が味わい深くて素敵ですね。初代司会者の愛川欽也さんも「街は人だ」って言っていましたけど、本当にそう思いますね。でもこの企画、よく通してくれたと思いますよ。東京しかやらない企画なんてあの時代、普通、通らないですよね。当時のテレビ東京の植村編成局長に感謝ですね。企画って誰が乗ってくれるか、ですからね。

1回目は「代官山」だったんです。「銀座」から始めるか、「浅草」から始めるかといったら、**やっぱり僕たちは「代官山」から始めたい。**『アド街』の１０００回を記念するパーティのときに、テレ東の社長さんからも聞かれたんです。なんで「代官山」だったんですか?と。そのときは、こう答えました。

「テレビの番組は何から始めるかで、その番組の目指している方向性を示すことにな

※1　1994年生まれ。二松学舎大学附属高校卒業後、2013年に広島カープに入団。21年の東京オリンピックでは日本代表の4番を打った。22年、渡米しシカゴ・カブスに移籍。

るんです。銀座だとしたらメジャーな番組にしたい。浅草だともっと年齢層の高い大衆寄りの番組になる。代官山からっていうのは、シャレた番組にしたかったんです」

視聴率を獲りに行こうとすれば、「浅草」だったと思いますよ。でも少なくとも**王道からは始めたくなかった**んです。当時代官山は同潤会アパートがまだあって、ヒルサイドテラスとかもあって、若い才能が集まり出した頃。景山民夫や評論家の今野雄二なんかも住んでいた。街がオシャレに変わり始めた頃だったんです。この街これから来るぞという雰囲気があった。やっぱりそういう番組にしたかったんですよね。だから、番組ってどこから始めるかが大事なんです。『おもしろMAP』も「横浜」から始めましたから。やっぱり「ヨコハマ」、カッコいいじゃないですか。

『アド街』新司会者にイノッチを起用

2015年3月7日、放送1000回記念スペシャルが、愛川欽也が司会として出演した最後の回となった。その後、「バカンス中」とアナウンスされ休養に入り、以降、数回はレギュラーだった峰竜太が代理司会を務めていた。そして体調を崩し気味だった愛川が、事実上、1000回を節目に勇退した形となった。なお、愛川はこの年の4月15日に永眠した。奇しくもその日は『アド街ック天国』の放送がちょうど20年前に開始された日だった。

注目されたのは、その後任だ。何しろ前年には「情報バラエティテレビ番組の最高齢の現役司会者」としてギネス世界記録に認定されるほど、『アド街』といえば愛川欽也という文字通りの番組の顔。イメージが強く定着した番組を基本的な内容自体は変えず、司会者だけを変えて成功させるのは並大抵のことではない。後任として納得感があるキャスティングはなかなか難しい。

だが、新司会者に井ノ原快彦が抜擢されたというニュースが報じられたとき、多くの視聴者は「なるほど！」「そうきたか！」と、その見事なキャスティングに膝を打った。

井ノ原は初回のオープニングから「僕がちょっと〝ジタバタ〟してたらよろしくお願いします」と事務所の先輩の薬丸裕英に向かってシブがき隊の持ち歌に掛けて言うと、今度は薬丸が「そしたらみんなで〝WAになっておどろう〟よ！」とV6の持ち歌に掛けるやり取りですぐに番組の空気を自分のものにしたのだ。

新司会者案に井ノ原快彦の名を挙げたのも菅原だった。

愛川さんが体調を崩されて続けられないということだったので、やっぱりここは思い切って若返りをはかったほうがいいと思ったんです。なおかつ〝東京の人〟がいいと思って、僕がイノッチを候補に挙げたらみんな驚いてましたね。それで事務所に打診したら、興味ありますって話だったので会ってお願いしたんです。大成功ですよ。付き合ってみて感じますが、イノッチは人間としてもホントに素敵です。何にでも興味があるし、人が好きだし、いつも自然体ですね。

『アド街』の愛川欽也さんにしてもイノッチにしても、三宅裕司さん、関口宏さん、マチャアキ（堺正章）……と、僕は東京出身だったり、「東京」の匂いがする司会者と組むことが多いですけど、別に意識してそうしているわけではないんですよ。僕らが企画したものをどう膨らませてくれるかっていうところで司会をお願いするんですけど、でもやっぱりそうすると結果的に自分の考え方をわかってもらえる人を選ぶことになりますね。自分は東京で生まれ育ったから、それしか知らないですから。

『アド街』開始直前にハウフルスに呼び戻され『アド街』のプロデューサーに就いた津田誠も、菅原の最大の特性のひとつに「都会的センス」をあげている。

「シャイなんです。照れる。その照れが番組づくりに投影されて品が生まれているんじゃないですかね。ド直球でいかないというか、変化球でもないいんです。いつも『ホッホホ』と笑って、頑張ってますよというのを見せない。でも内実は驚くほど密に考えてるんですけれども、全力投球するとこを見せずに、飾らない、気取らない。あえてノンシャランに見せて、そこからズレると『津田、そうじゃないんだ』ってなるんです」（津田）

都会的センスを培われた幼少時代

僕は世田谷区出身で、田園調布と奥沢の間くらいのところで育ちました。

うちは、銀座で「菅原電気商会」という電機メーカーを営んでいて、冷蔵庫とか洗濯機とかミキサー、アイロンなどをつくっていました。ミキサーなんかは日本で最初につくったんじゃないかなと思います。3人きょうだいで、一番上。妹と弟[※2]がいます。親も全然厳しくなくて自由気ままに育ててくれました。慶應義塾幼稚舎に入ったのでなんだかずっと好き勝手にやっていましたね。

うちの親戚はみんな柔道一家なんです。むかし麻布の本家には柔道場があって、そこに慶應の柔道部が練習に来るような家だったんですよ。僕も「姿三四郎」に憧れて、

※2　菅原茂友（1950年生まれ）。現ハウフルス代表取締役社長。

高校までは柔道一筋でした。高校時代はそこそこ頑張ってましたよ。

当時の柔道は無差別で、僕は65kgぐらいしかなかったから、100キロを超える相手には技は通じませんよ。でも3年の国体予選から2階級に分かれて、73キロ以下の軽量級では神奈川県の個人で3位までいきました。

大学に入る時にもう柔道はやめて、絵を描くことが好きだったから、デザイナーになりたくて……。慶應に行きながら「桑沢デザイン研究所」[※3]の夜間部に入って2年間デザインの勉強もしていました。僕がセットのデザインなどを自分で考えるのは、そういうことが好きだから。当時は和田誠さんとか横尾忠則、宇野亞喜良さんとかが出てきてイラストレーターやデザイナーのような仕事が注目され始めた時代だったんです。一方で、職人みたいになるのもどうかな……と感じてました。

それで大学3年生の頃、1967年の春に『11PM』のADとしてテレビ業界に片足を突っ込んだんです。実は伯父に内村直也（菅原実）という劇作家がいるんですよ。NHKの連続ラジオ劇『えり子とともに』（1948〜1951年）の脚本を書いたり、その劇中歌の『雪の降るまちを』を作詞した人で、日本の民放初のテレビドラマ『私は約束を守った』（日本テレビ、1953年）も書いたんです。ちなみにその兄の菅原卓は、菅原電気の社長をやりながら、宇野重吉たちと「劇団民藝」に参加、アー

※3　1954年、桑澤洋子が設立したデザイン専門学校。デザイナーはもちろん、安斎肇、スチャダラパー（Bose、ANI）、稲川淳二、京極夏彦、藤原カムイなど幅広いジャンルの著名人を輩出している。

サー・ミラーの『セールスマンの死』や『アンネの日記』の翻訳をして演出した人。その妹のとし子の息子が、ジャーナリストの木村太郎。彼とはイトコなんです。そんなことで、伯父が日本テレビのプロデューサーの後藤達彦[※4]さんを紹介してくれたんです。

伝説のプロデューサー・後藤達彦

日本でテレビ局が開局したのは、1953年。2月1日にNHKがテレビ放映を開始し、同じ年の8月28日に民間テレビ局第一号として日本テレビが放送を開始した。だが、開始当初は、ラジオや日本映画が全盛。テレビは「電子紙芝居」などと揶揄され、一段も二段も下に見られていた。だから、テレビ局に入る者は、ラジオ局から落ちこぼれた人が多かった。また、家が裕福で学生時代に遊び呆けて行き場を失った末に、親の〝コネ〟で入局する例も少なくなかった。

後藤達彦は菅原同様、慶應大学出身。同級生たちが当時の花形産業に就職していく中、この時点ではまだNHKが放送を開始したばかりでどんな未来が待っているかわからないテレビの世界に「新しい会社で面白そうだから」という理由で、開局を控え

※4　1931～1994年。テレビ放送が開始された1953年、日本テレビ入社。スポーツ局に配属され、野球中継の基礎を作る。『11PM』初代プロデューサーも務めた。1983年に独立し後藤オフィス設立。92年より番組制作会社「ゼット」社長に就任。

た1953年4月、日本テレビへと入社した。いわば、第1号の生え抜き社員のひとりだ。

後藤は、「プロ野球中継の父」と言われている。入局後まもなくスポーツ局に配属された後藤は、日本テレビの看板番組のひとつとなるプロ野球・読売ジャイアンツ（巨人軍）戦の中継を任された。限られたカメラを球場のどこに配置するかなどを一から考え、そのノウハウをつくった。それは日本テレビのみならず、他局の野球中継にも継承されることになった。

後藤さんは当時、『11PM』のプロデューサーをされていたんです。それで後藤さんを紹介してもらって学生アルバイトとしてADになったんです。あの頃は、後藤さんや井原高忠さん（P147参照）というスタープロデューサーがいて、とにかくオシャレで恰好良かったんです。当時はテレビ第1期で、局に入る人は、学生時代は遊び回っていて大企業に就職しなかったような〝遊び人〟ばっかりでしたからね。

後藤さんとは15歳離れていて、僕からしてみたら雲の上の人でした。

「ちょっと買い物に行くから、菅原付き合えよ」

僕が20歳くらいの頃、後藤さんに誘われて、「PISA」に行ったんです。

「ＰＩＳＡ」は、東京プリンスホテルの地下にあって西武が経営しているセレクトショップで、当時の支配人は、今の上皇の妹で結婚されて皇室を離れた島津貴子さん。後藤さんと行ったら、「あらゴッちゃん久しぶりね」「おスタちゃんご無沙汰」なんて言い合って、なんだか親しいんですよ。テレビのプロデューサーってスゴいなと思いましたね。

「Ｙシャツを2枚オーダーしたいんだけど」

当時僕が着ていたＹシャツなんて1着５００円くらいですよ。それなのに、後藤さんは1万円くらいのＹシャツをオーダーしていました。「こんなオシャレな人がいるんだ！」。だから僕がこの世界でやっていきたいと思ったのは、後藤さんの〝1万円のＹシャツ〟の感動から始まったんじゃないかなと思います。

あの頃のテレビマンは本当によく遊んでいました。新しい店ができたと知ると、みんなすぐに行っていた。どこに行ってもみんな知っている顔があった。そういう好奇心がテレビマンは大事だと思うんです。**「楽しいことは何か」「新しいことは何か」「美味しいものは何か」**を知っていたから、素敵な番組をつくることができたんです。

僕は「テレビマンはあんまりヒトの知らない美味しい店を、最低3軒は知っておくべき」と常々言っていますけど、それはそういうこと。やっぱり同じモノづくりですから。レストランは食事を通してエンターテイメントを提供しているわけだから、学ぶところは多い。だから食は大事なんですよ。それにいいレストランの入り方くらい知っとかないとね。

テレビマンは、オシャレでいてほしい

町山広美は20代の頃、毎日のように菅原たちに食事に連れて行ってもらったという。

「いま思うと20代ではなかなか食べられない高いお店にも連れて行ってもらっていましたね。菅原さんは、いつも美味しいものを食べてたし、いつもいい服を着ていたという印象があります。オシャレでありたいというのは、あったんじゃないかと思います。ダサいことは嫌だと。ただ、飲みに行っても仕事の話しかしないから、実際はモテないんじゃないかと（笑）。テレビ業界に入ってみると、飲み屋での会話は人事的な噂話とかが多かったりするんです。そういう話には興味を持っている感じはなかった。うちの師匠の日野原幼紀も言ってました。愛を込めてですけど『仕事の話ばっか

りして、つまんない男なんですよ』って（笑）」（町山）

そんな菅原が、部下たちに口を酸っぱくして言っていたことがある。それは「テレビマンである前に社会人としてちゃんとした恰好をしなさい」ということだ。

たとえば『アド街』で明日、ロケでここに行きますとなったら、そこの人にとっては、大抵生まれて初めてテレビ業界の人にちゃんと会うわけじゃないですか。その時に、ひどい恰好をしていたら、テレビ自体がそう見られてしまう。だから、僕は特にそのチームのリーダーであるプロデューサーやディレクターには、3日も4日も同じ服を着ているんじゃなくて、ちゃんと清潔にして、社会人としてそれなりの恰好をしなさいとよく言いますね。テレビマンはオシャレでいてほしいですよね。

あとは『アド街』に限らず、お店を取材して料理を出してもらうなら、最低限、料理代くらいは全部払えよと。いまは逆にお金をとってから番組に取り上げるなんて話も聞きますけど、ありえないですね。こっちが仕事中にお邪魔して撮らせてもらっているんだから。それはマナーだし、何より恰好悪いじゃないですか。

菅原のようなクリエイター気質の人物はとかく独善的になりがちだ。しかし、菅原は組織人としてもちゃんとしていると津田は評す。

「一匹狼のクリエイターのようでいて、実は組織人でもあるんです。不思議なのは社長業にしてもお手本がいたわけでもないと思うんですよね。けれど、会社の長としての振る舞いはちゃんとしてますし、そこから逸脱することはないですね」（津田）

後藤達彦に捧げた第1回

実は95年に『アド街』を立ち上げるときに、「テレビ東京と組んでゴールデンタイムの番組をやらないか」と声をかけてくれたのが、後藤さんだったんです。当時、後藤さんは日テレを退社してテレビ制作から離れていたんですけど、テレビ東京の役員と親しくて「菅原、テレ東で何か一緒にやらないか」って声をかけてくれたんです。僕は当時、『ボキャブラ天国』（フジテレビ）や『夜もヒッパレ』（日本テレビ）とか多くの番組を既に掛け持ちしていてとても忙しかったけど、「後藤さんがもう一度頑張るっていうなら」と企画書を書いて提出したんです。

「街は商品だ」というコンセプトで毎回東京の一つの街を取り上げるという企画を見せたら、「それはいけるかもしれない」って後藤さんは喜んでくれました。でも、その数日後に後藤さんは入院してしまったんです。お見舞いに行くと、泉麻人の『東京23区物語』[※5]を読んでいて「菅原、街っていう切り口は面白いな」って楽しそうに話してくれました。

それから1ヶ月後の12月1日、後藤さんはガンで亡くなられました。63歳でした。あと半年は生きて、番組を一度でいいから見てほしかったですね。「プロデューサー：後藤達彦　演出：菅原正豊」というクレジットを流したかった。

だから、最初の放送のときに、エンドロールに「後藤達彦さんに捧げる」というテロップを入れたんです。『アド街』を後藤さんが見て「面白い」と言うか「違うなあ」と言うか、その感想を聞いてみたかったですね。

※5　1988年、新潮社より刊行。東京23区の歴史を解説しつつ、そこに暮らす人々の生態と、街の姿が描かれている。泉麻人は『アド街』の初期、「街に詳しい」コメンテーターとしてレギュラー出演した。

COLUMN

業界用語の基礎知識　菅原正豊

オシャレ

少なくともテレビは時代とともに生きているメディアです。やっぱりオシャレに作らなくてはいけません。しかし、この「オシャレ」という響き、実に難解な言葉です。まず「オシャレ」と言うだけでダサくなります。オシャレな番組を作ろうと思ったら、間違ってもタイトルに「オシャレ」とつけたりしてはいけません。一番難しいことはオシャレな番組は視聴率がとれないことです。それでもテレビマンはオシャレを追求しなければいけません。「このセット、もう少しオシャレにならないの？」「台本の表紙オシャレにしろよ！」「もっとオシャレなセリフないのか！」このへんまでは理解出来ます。「もっとオシャレなカット割り出来ないのか！」「テロップ、もっとオシャレに出せ！」「今のDVEオシャレじゃないね～」「もっとオシャレなオチあるだろ！」……、もう訳がわかりません。

しかしなんといっても一番問題なのは、作っている人たちがまるでオシャレじゃないことなのです。

1994.8.16

スタンバイ

出演者、小道具などの用意、準備、待機、テレビの現場はスタンバイの連続です。本番が始まる時はすべてのセクションがスタンバイオーケーでなければなりません。出演者は決められた位置でスタンバイします。これを〝スタンバる〟といいます。ディレクターがサブから「〇〇スタンバッてるか？」と聞くとフロアのADが、あわててタレント控室にとんで行くケースがよくあります。『ザッツ宴会テイメント』という番組では、タレント自ら「私たちスタンバッてま～す！」と叫びます。しかしテレビの世界においてスタンバイは番組収録中のみにある話とは限らないのです。ここだけの話ですが、すでにこの時期、4月改編を終えたにもかかわらず、テレビ局の編成では「あの新番組はすぐにコケそうだから、次の企画をスタンバイしとくか！」なんて話が出てるのです。我々の知らないところで、さまざまなことがスタンバイされてるのです。恐ろしい話ですね。

1994.2.21

第6章

作り手には「美学」がないと。

『探検レストラン』

映画『タンポポ』のモデル「ラーメン大戦争」

あるとき、伊丹十三さんから電話がかかってきました。

「菅原くん、あれ映画にしたいんだけど」

「え?」

「ラーメン屋を立て直した話を詳しく聞かせてほしい」

その映画が『タンポポ』(1985年公開)なんです。

『タンポポ』は、主人公のタンポポ(宮本信子)が夫を亡くしてひとりでやっているさびれたラーメン屋に、山﨑努演じるタンクローリー運転手のゴローと、その相棒のガン(渡辺謙)がやってきて、美味しいラーメンをつくって店を立て直す物語ですが、僕がつくった**『愛川欽也の探検レストラン』**の「荻窪ラーメン企画」(正式な企画名は「ラーメン大戦争」)がベースになっています。だから、映画のエンドクレジットにも「協力:『探検レストラン』」と入っているんです。

『愛川欽也の探検レストラン』は、1984年から1987年までテレビ朝日で放送されていた番組（85年9月までは木曜22時からの30分、以降は土曜19時30分からの30分）。タイトルどおり、愛川欽也が司会で、「食を探求する」というのがコンセプトだった。

前述の〝クーデター〟により、「フルハウス テレビプロデュース」の社員がほぼ全員抜けてしまった後に、菅原自身が取ってきた仕事だ。フルハウスは4社の制作会社のひとつとして番組に参加し、持ち回りで各回を担当した。

僕の中にずっとひとつの仮説があったんです。

「美味しいラーメン屋の横には必ずダメなラーメン屋がある」

「荻窪ラーメン企画」は、そんな仮説から始まって、そういうダメなラーメン屋をなんとかして復活させようという企画です。

それで見つけたのが荻窪の「春木屋」と「丸福」という名店の間にあって、まったく客が入ってなかった「佐久信」というラーメン屋。

行ってみたら本当にラーメンがダメ……（笑）。店主のオヤジさんも歳だし、やる気もない感じだったんですけど、企画を説明したら「やらせてください」と。株をやっていて少しお金に余裕があるから、内装を直すくらいはできますって言うから、いろんな有識者を集めて改善案を出すシンポジウムを開いたりして、なんとか名店にすべく奮闘しました。

そもそも店主がラーメンを持ってくるとき、ラーメンに指が入ってる。もうそこから指導ですよ。ここのラーメンはそれまでぬるかった。だから、熱いラーメンを作って、出す時には一言「熱いです！」って言うように指導したりして。

ポスターも作ろう、ということで糸井重里さんにコピーを頼みました。できてきたコピーが「突然バカウマ・佐久信ラーメン」。このポスターを作って荻窪に張りまくった。それでリニューアルオープンの日には、青梅街道にズラーっと人が並ぶ大行列になったんです。

いまでこそ、ラーメン企画といえば視聴率が獲れると言われますけど、この頃までは、ラーメンをテレビで扱うこと自体ほとんどなかったんです。だから、ラーメンをやったら数字がつくっていうのは『探検レストラン』からだと思いますよ。それで伊丹さんがこの企画を見て映画にしたんです。


町山広美は、この番組の作家についた日野原幼紀の〝弟子〟になっていたため、菅原の仕事も間近で見ていた。

「いまだとラーメン屋の立て直し企画なんて、こすられにこすられて夕方のニュース番組の1コーナーでやるくらいになってますけど、当時はすごいアイデアだと思いましたね。何もハウツーがないところから、ハウツーをつくっている。どこまでテレビでつくっていくかもわからないし、菅原さんもそれを決めないでつくっている感じがしました」（町山）

実際、番組中でも司会の愛川欽也が「こんなことは大きなお世話なんです。僕も20年以上テレビの司会をやってますけど、お店に対してこんなことを言うのは本当に初めてです」などとためらいがちに語り、「おせっかいなんだけど……」としきりに言っていることからも前例がなかったことがうかがえる。

多彩な才能が集まった『11PM』

伊丹十三さんとは『11PM』のAD時代に一緒に番組をつくったことがありました。僕は伊丹さんとは仲良くしてもらって、時々、飯倉のマンションに遊びに行ってゴロゴロして相撲を一緒に見たりしてました。それで、ある日伊丹さんが、「菅原くん、こんな企画を考えたんだけど」と言って見せてくれた企画書が、「今週のCMベスト

10』。毎週人気投票でコマーシャルのベスト10を放送する企画です。それでこの企画書を後藤さんに見せたところ、「CMのベスト10は無理だけど」となって、『CM博士の大冒険』[※1]という番組が生まれました。伊丹さんが司会で毎週一つのCMを特集する企画です。僕もこの番組に企画・構成で関わったりしていたんです。この頃まだ僕は大学を出てすぐくらいでしたね。当時の『11PM』のチームで作り、ディレクターは一番若かった神戸（文彦）さん、望月（和雄）さんでした。

でも、伊丹さんの企画書は面白かったですね。企画書であり、エッセイなんですよ。「最近、テレビのコマーシャルが面白いと思いませんか」なんて文章から始まるんです。僕はあの企画書に出会った時、「へえ〜、こういうアプローチの仕方もあるんだな」と衝撃を受けたし、その後の企画書作りにも影響を受けましたね。

本当に面白い時代でした。『話の特集』みたいな雑誌があって、当時はエッセイストとしても注目を浴びていた伊丹十三、カメラマンの篠山紀信や立木義浩、浅井慎平、コピーライターの土屋耕一や糸井重里、デザイナーの浅葉克己や長友啓典、イラストレーターも和田誠、横尾忠則、宇野亞喜良といった新しい才能がブワーッと出てきていた。アングラ演劇界の寺山修司や唐十郎なんて人が毎週のように『11PM』に出ていた時代ですからね。『11PM』を僕がやっていた頃は、動き出した時代の真っ

※1　1971年に日テレ系で放送された情報番組。司会の「CM博士」伊丹十三がCM制作者らをゲストに迎え、インタビューなどを交えてCMを特集した。

只中にいる感覚でした。

『11PM』はテレビにまだ「深夜」という概念がない1965年に始まった。

当時のテレビ欄を見ると夜11時以降は他の時間帯に比べ狭くなっており、ニュースや映画などを放送する程度。いまでこそ23時台はバラエティ番組におけるゴールデン的な位置づけであるが、当時は「真夜中」というイメージで、「こんな時間にテレビなど誰も見ない」という固定観念があった（代わりにラジオの深夜放送が全盛だった）。

それに異を唱えたのが伝説的テレビマン・井原高忠[※2]だ。

彼はアメリカの深夜番組をヒントに、男性をターゲットにした深夜のニュースショーを企画したのだ。夜11時になれば、朝刊の早刷りが手に入る。もちろん、夕刊もある。男性をターゲットにしたニュースショーにすれば、この深夜枠を開拓できるのではないか、という発想だった。だから「ミッドナイトワイドショー」と銘打たれていた。バラエティの制作班だけでなく、スポーツ局の後藤達彦が初代プロデューサーとして番組に入ったのはそうした理由だ。

月・水・金曜日が日本テレビが制作を担い、火・木が読売テレビの担当だった。日本テレビ制作の回の初代ホストは元『週刊読売』編集長の山崎英祐。だが、あまりに

※2　1929～2014年。日本テレビプロデューサーとして『光子の窓』『九ちゃん！』『ゲバゲバ90分！』や『11PM』の企画演出を手掛けた。

も真面目すぎると、翌1966年にはリニューアルされ、司会もともにジャズ評論家として名を馳せた小島正雄（月・水）と大橋巨泉（金）に交代。企画内容も硬軟幅広くおこなうようになった。

「政治からストリップまで」

そんなスローガンどおり、多種多様なテーマをフラットに扱った。1972年には『11PM』月曜日の企画制作スタッフと大橋巨泉」が、優れたテレビ番組等を顕彰するギャラクシー賞を受賞（対象期間は71年4月〜72年3月）。受賞対象になった「巨泉　考えるシリーズ」のこの年のラインナップは、「初夢ポルノ解禁」から「沖縄で何を見たか」「興奮全体主義を考える（マスコミ操作）」「関西ストリップの妙技」「棄てられた島沖縄の証言」「おいら・イチ・ヌケタ（ニューフォーク紹介）」「花のホステスが夜のプールで大運動会」「戦後日本の大空白・朝鮮問題」「今夜はマジメ！大人の性教育」「総選挙の焦点　四次防で命は守れるか」といったもの。いかに何でもありで多種多様だったかがわかるだろう。ちなみに、この「巨泉　考えるシリーズ」の「世界の福祉」特集から『24時間テレビ』が企画されたのも有名な話だ。

『11PM』は本当に楽しかったですね。日本テレビ側にはディレクターは6人くらいいたんですが、ADは僕を含めてみんな学生で3〜4人だけ。『11PM』はディレクターとAD2人だけで番組を作ってるんですから、フル稼働みたいな状態でした。

金曜日は大橋巨泉さんと朝丘雪路さんがメインで、釣りをやったり、麻雀やったり、ボウリング、ゴルフ、スキーをしたり、遊びのような企画が多かった。月・水は、ジャズ評論家の小島正雄さんが司会で割とエンターテイメント系の企画だったんですけど、1968年に突然、54歳で小島さんが亡くなられちゃうんですよ。それで巨泉さんが月曜日に来て、三木鮎郎（みきあゆろう）さんが水曜日に来たり、色々変わっていった頃でした。月曜の巨泉さんはドキュメンタリーっぽいものをやりつつ、ストリップ企画をやったり、そういうコーナーを織り交ぜてつくっていました。水曜日はどちらかというとバラエティっぽい。音楽情報とかをよくやってました。

僕は両方ついていたからいろんなディレクターにつくわけですよ。UFOを追いかけ始めた矢追純一さんだったり、女相撲をやる赤尾さんもいれば、汽車ばかり追いかけるディレクター岩倉さんもいました。後に『コント55号の裏番組をぶっとばせ！』をつくる細野邦彦さん[※3]もスゴかったです。「これが名器だ」ってテレビ欄に書いて、何かと思ったらバイオリンとかピアノとかそういうものばっかり（笑）。それでスゴい視聴率を獲ったんですよ。あの頃の『11PM』は、ドラマ班や音楽班の本道にはい

※3　1933〜2021年。日本テレビに入社し、『裏番組をぶっとばせ！』『TVジョッキー』『テレビ3面記事 ウィークエンダー』などバラエティ番組を担当した。

られないような、日テレの〝はみ出し者〟みたいな一匹狼たちが集まってましたね。

最初は、そういうディレクターに合わせて仕事をやっていたんですけど、そのうち僕も自分のやりたいものを提案していました。

「こんなのをやりませんか？」

「あ、それは面白いな」

そんな感じで、僕が出した企画も随分通るんです。まだ当時学生なんですよ。今では考えられませんけど。当時はディレクターもみんな遊んでいて、今の人みたいに働かない。「やっとけ」「何か考えとけよ」って言って、ゴルフはするわ、スキーに行くわ、ディスコに行くわで、遊びに行っちゃう。だから、こっちはやりたい放題。楽しくてたまらなくて、大学なんか行かなくなっちゃいますよね。

ここで伊丹十三から寺山修司、横尾忠則といったクリエイターたちと対等みたいな立場で仕事できたことが大きな財産になっていますね。昨日は韓国問題をやって今日はストリップをやっているみたいな番組だったから、一つの業界だけではないネットワークもできたし、常に時代を捕まえているみたいな感覚があった。だから僕は『11ＰＭ』の影響が一番大きいし、もし自分が、普通の歌番組やドラマからキャリアをスタートしたら、この業界を続けていなかったでしょうね。

僕が自分で考えた一番の名作は、ひとつの商品を、いまでいうアップデートする企画。デザイナーやカメラマン、コピーライターやら何やら、気鋭のクリエイターたちを集めて、その商品の新しいネーミングを考えて、ポスターやコマーシャルをつくっていくんです。

たとえば最初にやったのが「ふんどし」。日本古来の「ふんどし」をいかに新しいイメージにして売り出すかを考えるんです。

名コピーライターの土屋耕一さんをアートディレクターにして、コピーライターの岩永嘉弘さんが「ジャパンツ」という抜群のネーミングを考えてくれました。「ファンデーション」ってのもありました（笑）。それでカメラマンの浅井愼平さんで、ポスターを撮ったり、ロゴをつくったり……。そうやって各ジャンルで一流の人を集めて、そのメイキングを描いていったんです。メイキングドキュメント系の企画のはしりだと思います。第2弾は「月の石」でやりました。

番組の名物「駅弁プロジェクト」

実は僕は、その後こういう路線をいろいろやってるんですよね。『探検レストラン』

の「荻窪ラーメン企画」もそう。『探検レストラン』では他にも、**「小淵沢駅駅弁プロジェクト」**というのもやりました。

「乗り換え駅にはいい駅弁がある」

これもそんな仮説から始まりました。軽井沢まで行くときの乗換駅の横川には「峠の釜めし」っていう名物の駅弁がある。だけど、当時の人気避暑地・清里に行くときの乗換駅である小淵沢駅にはなかったんです。だから、横川の釜飯に匹敵する駅弁をつくろうという企画でした。


秋のメランコリーは旅心を掻き立てる。番組のターゲットは駅弁であった。

革命的駅弁を演出せよ。その由来やうんちくを論じ、各地の名物駅弁のノスタルジックなリポートを重ねる。そんなちっぽけな下心は許されない。

大胆に壮大に駅弁を演出せよ。これが至上命令であった。いま、駅弁を前に考える。旅情と呼ばれる心の一角に確実に位置している食の姿。

なにかいい手があるはずだ。日本一はどれなのか。

お？　そうだ、日本一の駅弁、作ってしまおう！

駅弁企画は、そんな武田広のナレーションから始まった。『探検レストラン』は当初、木曜プライムタイム（22：00〜22：30）に放送されていたが、「荻窪ラーメン」企画などのヒットもあり、開始1年後の1985年10月12日からは土曜のゴールデンタイム（19：30〜20：00）に昇格になった。

その昇格1回目、つまり番組の目玉企画として放送されたのが「駅弁大計画」と名付けられた企画だった。まずは、東京ステーションホテルで「第1回駅弁シンポジウム」を開催し、理想の駅弁を話し合うところから始まる。その参加者は、司会の愛川欽也を筆頭に、伊丹十三、駅弁研究家の林順信（じゅんしん）、食文化評論家の山本益博、武蔵野美術大学教授でインテリアデザイナーの島崎信（しまざきまこと）（山本と島崎は「荻窪ラーメン企画」にも参加していた）といった当代きっての論客たち。シンポジウムの看板には「鉄道領域に於ける点在食形態の演繹的究明と味覚再生への考察」といういかにも菅原っぽい仰々しくもふざけた文言が添えられていた。

現在も販売される名物弁当に

ちょうど小渕沢駅前に大正7年に創業されたお弁当屋さん「丸政」がありました。

そこにつくってもらおうと、山本益博さんたちを集めて、やっぱりシンポジウムを開いたんです。

そこで話し合ったアイデアをもとに「元気甲斐」という駅弁をつくりました。「元気甲斐」というネーミングは『11PM』の時にもお世話になったコピーライター・岩永嘉弘の発案。グラフィックデザインは資生堂のデザイナーをやっていた太田和彦さん（今は居酒屋評論家）に頼んで、イラストは安西水丸さん。「元気甲斐」の字は黒澤明の映画『乱』や『まあだだよ』などの題字を書いた方にお願いしようと思って、調べたら日本書壇の重鎮・今井凌雪（りょうせつ）さんだったんです。あまりに大御所なんで難しいかもと思ったんですが、思い切って依頼したら「いいですよ」と快諾してくれました。

関西と関東の間にある駅だったんで、両方の味を味わえるように2段重ねの設計にして、上段の一の重には京都の〝銘亭〟「菊乃井」の村田吉弘さん、下段の二の重は東京の味処「吉左右」（当時の支配人は田崎真也）の料理人にお願いしました。この時ちょうど『タンポポ』の撮影中だったので伊丹組にロケ弁として差し入れて〝試食〟もしてもらいました。

その頃、国鉄が民営化する時代で、「丸政」はちょっと苦しんでいる時期だったんですよ。「いい弁当をつくろうと思うんだけど乗りませんか」とそこの社長に話した

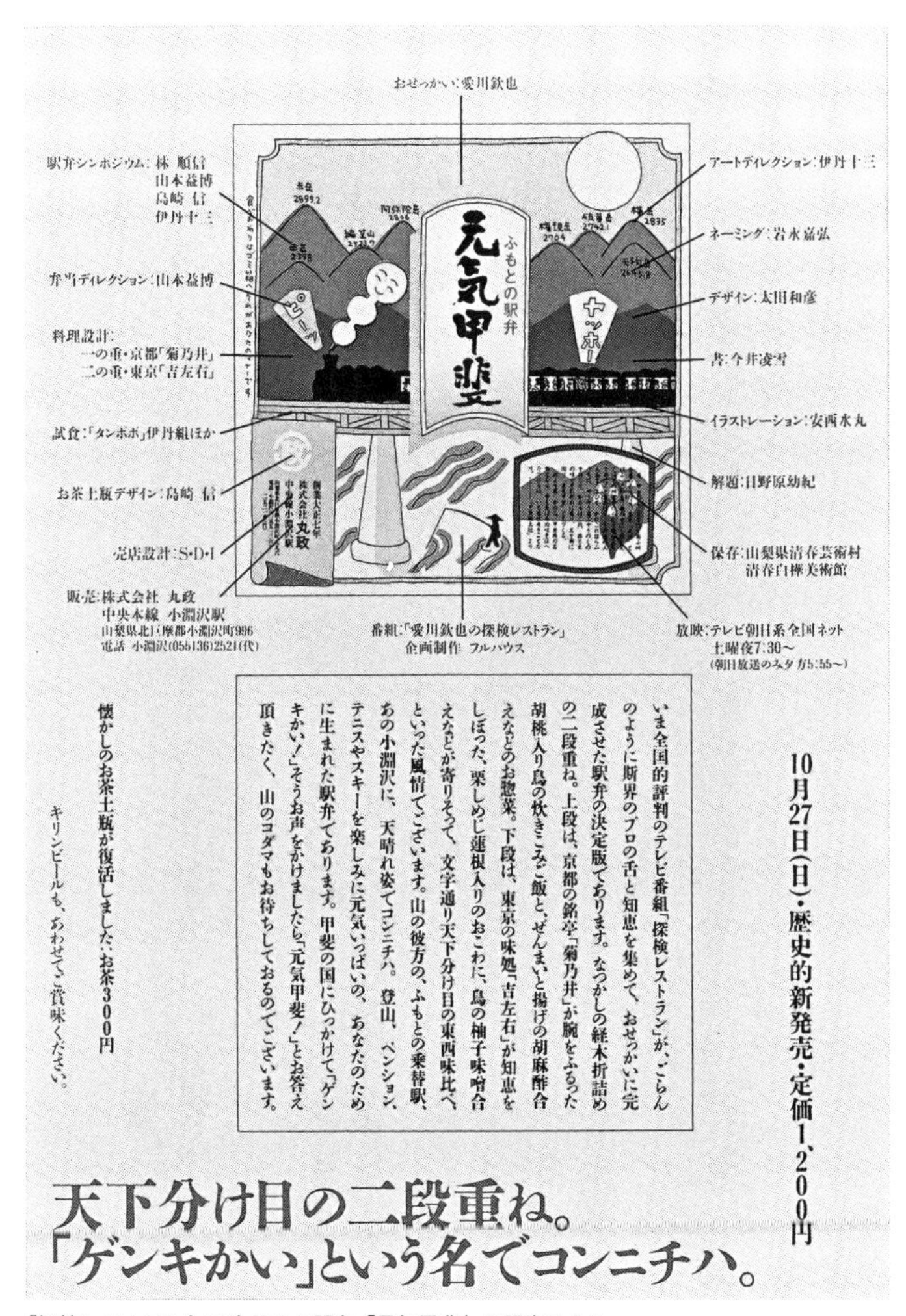

『探検レストラン』で生まれた駅弁「元気甲斐」の販売チラシ

ら、「是非やらせて下さい」って。おじいちゃんが会長だったので、その2人の親子の物語にして4週連続で放送しました。それでいよいよ、明日発売という日には小淵沢に大行列ができたんです。司会の愛川欽也や出演者たちみんなで中央線に乗ってイベントに立ち合いました。花火を上げたりして盛り上がりましたね。

「元気甲斐」は現在も、小淵沢の名物駅弁として販売されている。いまや同社の看板商品の一つだ。試作段階では愛川欽也も打ち合わせに参加。従来の弁当よりコストがかさむため、当時社長だった名取政仁が「売れないと、うちがつぶれてしまう」と訴えると、愛川は「もし売れなければ、売れるまで俺が売る」と答えたという。

『探検レストラン』で生まれて今でも販売しているといえばキリンの「ハートランドビール」もそうですね。テレビ朝日が今の社屋になる前、毛利庭園にはいくつか建物が建っていたんですよ。そのうちひとつに何も使っていないものがあるから、『探検レストラン』でレストランをつくれないかっていう話がテレビ朝日から来たんです。それは面白いなと思って、またシンポジウムを開くんですよ。それでこの番組でつくったり、取り上げた食べ物を出すような店にしようと考えました。チーフシェフを探す模様も番組にしたんです。

2階建てだったから、2階を「たべたか楼」、1階を「のみたか楼」として、グラフィックデザインは鬼才・奥村靫正さん[※4]に頼みました。最初はここでしか飲めないビールとして、スポンサーのキリンがハートランドビールをつくりました。瓶のデザインは伝説のデザイナー、レイ吉村さん[※5]です。外国のビールみたいでオシャレですよね。今ではロングセラーの定番商品になりましたからね。レストランの経営もうちがすることになって何年か営業しました。面白かったですよ。

実は僕はその少し前の1983年3月から西麻布でカフェバーを経営してるんですよ。当時、今や伝説となったカフェバー「レッドシューズ[※6]」が西麻布にオープンして話題になりました。

「だったらうちもやってみよう」と、同じ西麻布から六本木に上る道の地下に、50坪の物件を見つけて、銀行から借金してこの空間に「カフェバー・フルハウス」を作ったんです。プロデュースは、「キャステル」や「ダイニズテーブル」で東京の夜の文化を作った同い年の友人・岡田大貳[※7]に頼みました。大ちゃんには「たべたか楼」のプロデュースもやってもらったんです。

「フルハウス」は大きなモニターとDJブースがあって、毎日業界の連中やタレント、

※4　1947年生まれ。アートディレクター。YMOのアートディレクションをはじめ、大瀧詠一、ピンク・レディー、はっぴいえんどなど数々のアーティストのジャケットデザインも手掛ける。

※5　1939年生まれ。ニューヨークの大手マーケティング会社、リッピンコット&マーギュリー社でデザインディレクターに。72年の独立後はマツダ、ダイエー、資生堂などの製品ブランドデザインに携わる。

モデルたちが遊びに来てくれました。話題になって取材もたくさんあったし、楽しかったですね。僕は毎日顔を出してました。

一年目は儲かりました。まあ、本業ではないので5年くらいで畳みましたが、店作りは楽しいですね。僕はテレビ作りと同じくらい好きですね。

料理で遊ぶ

『探検レストラン』では、制作会社4社の中のひとつでした。他社は真面目なドキュメンタリーをつくるのが得意な会社で、彼らが出す企画は、「古代エジプトにはこんな料理があった」とか、「土や石を食べる人種がいる」みたいな企画が多かったです。だけど、僕はそんな調査能力もないから、最初に出した企画は「宮内庁御用達の素材を集めてすき焼きをつくろう」。そんな発想から始めました。

今ではよくいろんな番組でやってますけど、「有名シェフが普通の家に行って、冷蔵庫開けて、なんかを作っちゃう」(これにはフランス料理界の巨匠「シェ・イノ」の故井上旭シェフなども参加した)とか「日本の素材、こんにゃく、のり、かまぼこ、餅、納豆などなどを外国に持って行って、フランスの三つ星のシェフになんかを作ら

※6 1981年、西麻布に開店したバー。ローリングストーンズ、デヴィッド・ボウイなど多数のミュージシャンも来店し、カフェバーブームの一端を担った。現在は南青山で営業している。

※7 1946年生まれ。パリでレストラン経営等を学び、81年中華料理店「ダイニズ・テーブル」を開店。その後「ブラッスリーD」「クラブD」など大人の社交場をプロデュースし、現在も様々な飲食店のプロデュース・経営に携わる。

せる」(担当したのは当時パリで二つ星だった「ジャマン」のシェフ、ジョエル・ロブション)みたいな企画を僕がやっていくうちに、**「料理で遊ぼう」**という番組になっていったんです。

例えば、渋谷の神社の境内で有名人6組に屋台のラーメンを作らせて、一番美味しいと言われたラーメンの作り手をハワイのワイキキまで連れてって、浜辺で海水浴客に食べさせるという企画。中尾彬さんと池波志乃さん夫妻が優勝して、東京から運んだ屋台をひいて商売しました。この番組『探検レストラン』は、僕の本格的な〝デビュー作〟……というか、ホントに好き勝手につくってた時代です。アイデアが湯水のようにわいて出てましたね。

ADとして参加していた山田謙司も菅原は「アイデアの人」だと評する。

「いろんなアイデアがあって、毎回違う企画でやってるみたいな感じで陣頭指揮をとってやられていました」(山田)

テレビ朝日のプロデューサー松村春彦さんという方が「鬼の松村」と呼ばれるほど厳しい人だったんです。

始まる頃は六本木にあったホテルで毎週毎週、徹夜で会議をしたんです。他のプロダクションは、分厚い企画書を持ってくるんです。企画書の一字一句からプレビューのチェックまで松村さんにもう全部直されていました。大変だったと思いますよ。だけど、僕の企画は、松村さんの発想にないからか、何も言われない。なんか「菅原はしょうがねえな」みたいな感じで通してもらえるんです。

松村さんがよく言っていてよく覚えているのが**「MA前が視聴率」**という言葉ですね。MAというのは、編集で音を付けたりナレーションをつけたりすること。その前の映像にパワーがなかったら、いくらいいナレーションや音楽をつけても視聴率は獲れないんだと。その言葉は記憶に残っています。

戦友・愛川欽也

この番組の司会を務めた愛川欽也は、菅原にとってもっとも長く、もっとも深く関係性を築いた司会者のひとりだと言って過言ではないだろう。

愛川欽也は東京・巣鴨で生まれ育ち、俳優としてキャリアをスタートさせたが、1971年よりラジオの深夜番組『パックインミュージック』（TBSラジオ）のパーソナリティとしてブレイク。「キンキン」という愛称が定着した。

その後、1974年から『11PM』（水曜）、そして1981年には彼の代名詞となる『なるほど！ザ・ワールド』（フジテレビ）の司会に起用され、テレビタレントとしても人気となった。そして『探検レストラン』、『出没！アド街ック天国』の司会を歴任したのだ。

タレントと仲良くなって、タレントのやりたいことをやらせてあげるっていうタイプの演出家もいると思いますけど、僕はそういうタイプじゃない。プライベートで遊ぶタレントは数えるほどしかいない。僕は企画ありきだから、そんなに仲良くなっちゃったら番組をつくれなくなると思うんですよ。

司会の愛川欽也さんとは、随分ぶつかり合いました。そういう意味でも、僕は愛川さんに育てられましたね。あの人は「バナナのたたき売り」みたいな大衆寄りの人。それに対して僕にはそういう感性がない（笑）。

愛川さんは「80パーセントくらいの人がわからなければ、テレビはダメなんだ」という発想で、僕は**「20パーセントがわかればいい」**と思っていた。料理というのは、「高くて美味い」のは当たり前。だから、とにかく「安くて美味いもの」じゃなかったらテレビではやっちゃいけないというのが愛川さんの〝美学〟なんです。フランス料理なんてテレビを見ている人の誰が食べるんだって。でも僕はそういうのが面白い時代が来ていると感じていたわけ。イタリア料理の名シェフとかがテレビにも出始めていた時代だったんです。

だから僕は『探検レストラン』で一流の料理とか素材を使った企画を出す。で、企画は通るんだけど愛川さんの反応は悪かった。

「やっぱり菅原、そのテーマじゃダメだ」

それで結構戦いましたね。愛川さんには大衆をどう惹きつけるかということをホントに教わりました。

そのうち愛川さんもだんだん、僕のつくるものを面白いと思ってくれたのか、言うことを聞いてくれるようになって、『アド街』の頃には完全に理解者になってくれていましたね。

『アド街』の企画が決まった時、これは絶対に愛川さんに頼みたいと思って、深夜の青山の喫茶店で待ち合わせしてお願いしたんですよ。愛川さんは「いい企画だね」って面白がってくれました。その時から「街は人だ」って言ってましたね。

ちなみに『アド街』の初代アシスタントは、入社して間もないアナウンサーの八塩圭子。そのときに彼女に言ったのは、「愛川さんが喋りすぎたら止めろ」と（笑）。愛川さんは喋りだしたら止まらないからね。君の仕事はそれだけでいいって言ったら、本当にちゃんと止めるんですよ。たいしたものだと思いました。途中から、愛川さんも止めてもらうのがおいしいと感じ出して、とてもいいコンビになりましたね。

峰竜太さんの初期の役割もそうなんです。愛川さんの暴走は二重三重の壁を作っておかないと、大変なんですよ。

司会者と作り手の関係って大事なんですよ。いかに信頼してもらうか。今はタレントの方が力があることが多いから、若いディレクターはなかなか言えないかもしれませんが、そこは勝負。これをやると自分の新しい形ができるかもしれないって司会者に思わせる、演出の考え方に付き合ってみようかなって思ってもらう。そうやって信頼を勝ち取っていかないと。

「菅原ちゃんと、やって良かったよ」

愛川さんにはそんな言葉をいただいて、一回り上の先輩ですが、〝戦友〟のような関係性になれました。愛川さんとの出会いがあったからこそ、僕はそのあと、ゴールデンの番組をやっていくことができたんだと思います。

COLUMN

業界用語の基礎知識　菅原正豊

バミる

出演者や美術セットなどの位置を決めた時、目印としてその場所にテープを張ります。これを「バミる」といいます。活用としては「バミり」「バミる」「バミれ！」「バミろ！」「バミらなきゃ……」のラ行五段活用となります。これは新人がテレビ業界に入って最初に覚える言葉です。この作業のためにスタジオで使用されるテープは、布であれ、ビニールであれ、バミテープ、略して「バミ」と呼ばれています。新人は「バミ持ってるか！」と確認されます。バミは街で売ってるビニールテープと同じものですがコンビニで「バミください！」と言っても通用しません。スタンバイの多い番組になると、スタジオの床はバミった跡だらけになり、どのバミが何のスタンバイだか分からなくなってしまいます。そのためフロアのADは何色ものバミを腰にブラ下げているのです。腰からバミがとれるようになれば、ADとして一段昇格したことになります。ブラ下げたバミは柔道の白帯のようなものなのです。

1994.2.28

MA

編集後のテープにナレーションや音楽、SE（効果音）を編集所内のMAルームで24チャンネルのマルチテープに次々と録音し、最後にそれをミックスして完成させる作業で、番組制作において最後の仕事となります。MAはマルチ・オーディオの略ですが知らなくても仕事に影響はありません。ちなみにSEはサウンド・エフェクトの略です。この作業によって今まで地味だった映像はが然活気づきます。ラーメン屋は器の音がとびかい、旅は列車の音やカモメの声で郷愁をさそいます。思い入れのシーンではナレーションとともに服部克久の音楽が流れ感動を呼び、スタジオは何がおきても、足した笑いで爆笑の渦となるのです。しかし……業界では、こう言われています。「MA前が視聴率！」。収録した素材に力がなければ、結果は見えているのです。

1993.11.1

第7章

カッコいいものは、カッコ悪いんです

『出没!!おもしろMAP』

本質がつまったデビュー作

菅原正豊の番組制作者としての〝美意識〟を具現化したようなキャラクターがいる。1977年から79年に放送された『出没！おもしろMAP』に登場する「ムキムキマン」（対馬誠二）だ。筋肉隆々の肉体で奇妙な振り付けを踊る「エンゼル体操」が人気となり、70年代末に大ブームを巻き起こした。

よくクリエイターの本質はデビュー作にあらわれる、といわれる。それが本当かどうかは議論を残すが、ことハウフルス菅原正豊に関しては、正しいと言えるだろう。『11PM』などの修業時代を経て、独り立ちして最初に立ち上げたデビュー作といえる番組が『出没!!おもしろMAP』だ。ハウフルスの前身の番組制作会社「フルハウス　テレビプロデュース」として、初めて自社制作で手掛けた番組である。1977年10月から1979年3月までテレビ朝日で日曜の夕方に放送されていた情報番組だ。

オシャレな街の情報番組で終わらないのが菅原流だ。その象徴がムキムキマンだったのだ。

僕が「フルハウス」を立ち上げたのは、やむにやまれぬ事情があったんです。大学時代、『11PM』でADをしていたので、卒業したらそのままテレビ局に入れるのかなと思っていたら、ちょうどその頃、日本テレビは制作部門の社員を採らない時代に入っちゃったんです。

でも入社試験があったら落ちていたでしょうね。だって小学校から一度も入学試験を受けたことないんですから（笑）。だから3年くらいフリーみたいな形で『11PM』や他の番組も少しやっていました。

それで１９７３年、26歳のときに『11PM』とかで知り合った仲間・関口晃弘、原伸次（故人）と3人で企画会社「フルハウス」を設立したんです。この会社はテレビの制作ではなくて、とにかくなんでもやらなきゃってことで、パブリシティみたいなこともやったり、ファッションショーの演出をやったり電通のイベントを手伝ったり、色々やってましたね。僕はテレビが好きだから合間にちょこちょこテレビ番組の手伝いもしてました。

それで『出没!!おもしろMAP』をつくったときに、テレビ部門は「フルハウステレビプロデュース」という会社にして１９７８年に立ち上げた。これが現在の「ハウフルス」の前身です。

『おもしろMAP』は、1978年大学時代の友人で電通に勤めていた菊池仁志が僕に話を持ってきたんです。

「森永製菓が若者向けの情報番組をやりたいと言っているから、一緒に企画を考えてくれないか?」

菊池は「鎌倉のある場所に風が吹き、光が照らされ、人が歩いている。そこに車が走ってくる」みたいなイメージのワンシーンを撮りたいみたいなことを言うから、ひとつの場所に焦点をあて、その街のトレンドを紹介するという企画を考えたんです。

それで森永製菓にプレゼンに行ったら通っちゃった。スポンサーはOKだから、後はどこで放送するかとなって、じゃあ、テレビ朝日がいいんじゃないかってことで、企画を持っていったんです。

僕はいろんな番組をちょこちょこ手伝っていたから、そこに知り合いのプロデューサーが何人かいまして、

「菅原、何しに来たんだ?」

「まあ、ちょっと新番組を考えたんで説明しに来ました」

プレゼンしたんですが微妙な反応。でも、「なんか良くわからない番組だけども、スポンサーがついてるんならやらざるを得ねえな」。それで夕方の枠を空けてくれたんです。

僕はこの段階まで、テレビ朝日がメインでつくって、自分はその制作協力でロケディレクターとかをやればいいもんだと思っていたんです。それまで、僕はそういう立場で番組にかかわっていましたから。でも、局側はそれに割けるスタッフがいないから、「お前のところでつくってくれ」と言うんです。

「これは大変なことになった、どうしたらいいんだ……」

菊池と麻布十番の焼き鳥屋で顔を見合わせて一緒に悩んだ思い出があります。とにかく人を集めるしかない。うちにはディレクターもADもいないんですから。10月から始まるのに、その話になったのが7月末頃ですから。そこから急いで人集めですよ。何しろ、うちの会社でテレビをつくったことがあるのは僕だけなんだから。急遽、15人くらい集めました。

やればやるほど大赤字

僕も、それまでは局の下でやっていただけだから、カメラマンも局のカメラマンだったし、編集だって局の中でやっていたわけです。それを全部自分のところでやらなきゃならない。

そのノウハウはないんですよ。編集所は1時間いくらだとか、カメラを借りるといくらだとか、わからない。しかも当時はロケ用のハンディカメラなんてないから、中継車で収録ですよ。どう考えても予算内に収まらないんです。

編集所も最初は1時間単位で借りていたんです。たとえば、30分番組を1時間3万円で10時間編集すると毎回30万はかかる。編集なんて10時間じゃ終わりませんよ。しかも納得がいかなくて2～3日徹夜して直すと百万単位になっちゃう。毎回番組は大赤字ですよ。しばらくそんなことをやっていたら、1本30万とか50万っていう「グロス契約」というのがあることを、半年くらい経ってようやく知るんですよ。だって誰も教えてくれないから。

当時は制作会社自体あまりなかったんです。TBSの局員が独立した「テレビマンユニオン」とあと数社くらい。基本的には、局の系列会社か、局員が独立してつくった会社ばかり。だいたいが、ドラマかドキュメンタリーでしたね。うちみたいに局員の経験がない人だけの会社なんてなかったんですよ。だから政治力はないし、やればやるほど赤字。大赤字……。

この番組のときに景山民夫を構成作家として引っ張ってきたんですよ。民夫はテレビで視聴率を獲ろうなんて発想はそもそも持っていなかったんですけど、『おもしろMAP』は当たって、すごい話題になりました。

景山民夫は、この『おもしろMAP』や『タモリ倶楽部』を始め、数多くのテレビ番組の放送作家を務める傍ら、雑誌等にも寄稿。エッセイストとして注目を浴びるようになった。

演者としても同じ放送作家の高田文夫と「民夫君と文夫君」なるコンビを結成し、落語の立川流に入門したり、『オレたちひょうきん族』（フジテレビ）の人気コーナー「ひょうきんプロレス」で三浦和義をモチーフにしたレスラー「フルハム三浦」に扮したりし、人気を博した。そして1987年には小説『虎口からの脱出』を発表。第8回吉川英治文学新人賞などを受賞し、翌年の『遠い海から来たCOO』で直木賞を受賞。活動の軸足をテレビから文筆業に移した。

しかし、1998年、50歳の若さで突然亡くなった。菅原はその死に際し、『放送文化』（1998年5月号）に彼との思い出を綴った一文を寄せている。それはこう締めくくられている。


学生時代から一緒に時代と遊んできた彼と番組作りの世界では離れていったけど、民夫から受けた刺激の数々が僕の体の中には沢山残っています。

次々と生まれては消えていくテレビ番組の歴史の裏側に、ある時期景山民夫という人間が存在していたことで、テレビは時代からなめられずにすんだんじゃないかな……。そんな気がします。


それにしても、もう少し彼の生き方を見ていたかった。

アイツは年取ったら、おもしれージイサンになっただろーなー。

合掌

情報バラエティのはしりだった『おもしろMAP』

『出没！おもしろMAP』はあのねのねの清水國明と、その奥さんのクーコが司会で、いろんな街に出没して、その街のいろいろな情報を伝えながらひと遊びする。だけど突然、西城秀樹が出てきて「YMCA～♪」って『ヤングマン』を歌ったりしてね。クーコがドーンと売れたり、雑誌にもどんどん取り上げられて、〝情報バラエティのはしり〟みたいに言われて、他局のプロデューサーたちも見学に来ましたね。

「若者」「ファッション」「遊び」の3つの観点から情報を発信するというのが『おもしろMAP』のコンセプト。「ルポルタージュ・バラエティ」と銘打たれていた。


「横浜は今、変わろうとしていて、とても気になる！」

「今、原宿の町はミルキーウェイ、新しいお店が星のように輝いている」

「狭山アメリカ村はクロスオーバー、まるでグリニッジ・ヴィレッジのようだ」

「青山キラー通りのアウトドア人間は現代のカウボーイだ！」

「代官山の並木道を歩く時はちょっと気どってシティー・ガール」

『おもしろMAP』で清水國明とクーコはこのカスタムカーに乗って各地に出没した（扉に「SHOOT-BOTT」（出没）とある）

といったテーマで毎回、街を紹介していた。ちなみにのちにハウフルスを構えることになる麻布十番の商店街をこのとき既に「六本木からちょっと歩いてみたら、こんな素敵な商店街があった」と取り上げていた。

この番組を企画した電通の菊池仁志は、のちに『メリー・クリスマス・ショー』でも菅原と手を組む盟友。『おもしろMAP』の構想について、

「あの頃、自分たちが見たい番組がブラウン管から流れてこないっていうフラストレーションがあったんです。自分が見たいと思うよ

うな番組をつくれば、同じように不満を持っている人たちが見てくれるはずだ」と思い企画したと証言している。電通社内で企画が通ると、実績のある制作会社に制作を任せようと進言されたが、彼はそれを固辞した。

既存の人がつくれば、既存の番組になってしまう。それは嫌だった。そこで思い浮かべたのが、菅原だったのだ。「菅原とつくれば、僕の見たい番組は、僕たちの見たい番組になって成功するだろう」と考えたという。

「菅原と僕はテクスチャが共通していたんです。僕の立てたコンセプトだけでは30分番組になりません。でも菅原はそれに肉付けして、いつも想像を超える番組に仕上げてくれた」（菊池）

番組の象徴的キャラクター、ムキムキマン

菊池ってのはある意味〝天才〟なんですよ。気分は〝西海岸〟みたいな人だから。一人でオープンカーに釣竿とかテントを持って、河口湖へ釣りしにキャンプに行っちゃったり、カーボーイブーツを作りにニューメキシコのサンタフェまで行ったり、キューバへパイプやパナマハットを作りに行ったりする人。彼が考えたままの番組に

すると、一時の『ポパイ』とか『ブルータス』みたいな番組になったんじゃないかと思います。

だからそれをどう壊していくかを考えました。菊池の発想を元に遊んじゃおうと。だから、他の人がつくったら、たぶん本当に車が颯爽と走り去っていくような、カッコいい番組ができたんじゃないかなと思います。僕はただカッコいいのはカッコよくないだろうというのがあって、**カッコよくつくったら恥ずかしいよね**という考えが根底にあります。カッコ悪いからカッコいいんだよと思うタイプ。カッコいいだけのものは照れちゃう。だって、自分がつくったものを人に見せるって、すごい恥ずかしいことじゃないですか。「これが俺の作品だ」なんて一番恥ずかしい。「こんなもんでいかがでしょうか?」というギリギリのところで出すのがいいんですよ。

それでつくったキャラクターが**「ムキムキマン」**(ボディビルダーでダンサーの対馬誠二)。「健康も情報だ」というコンセプトで、マッチョでムキムキなヤツが、健康的な体操をするのが面白いんじゃないかって思ったんです。

その体操が「ムキムキマンのエンゼル体操」といってブームになるんです。最初はインストゥルメンタルだったのを、レコード化する時に景山民夫が作詞して、振り付けは漫画家の山上たつひこさん[※1]の『がきデカ』の主人公・こまわり君が「死刑!」っ

※1 1947年生まれ。1967年にメジャー誌デビュー。『がきデカ』は、1974年から『週刊少年チャンピオン』で連載が開始されたギャグ漫画で、爆発的ヒットを記録した。

てやるポーズがあって、それを振りに取り入れたんです。山上さんにお願いの電話をしたら「いいよ」って。バックダンサーの「エンゼルトリオ」は、ジャニーズアイドルの3人。作曲は細野晴臣や松本隆のロックバンド「エイプリル・フール」のボーカル・小坂忠。[※2]歌は〝ムキムキウーマン〟のかたせ梨乃に歌ってもらったんです。

「1日わずか40秒でこの肉体をあなたにも！　さあ、苦節13年エンゼル体操で素晴らしい肉体を築き上げた我らがヒーロー！　北極熊を素手で倒し、アフリカ象と腕相撲をするという脅威のムキムキマン。グッチのベルトに身を固めエンゼル体操の模範演技の始まりでーす！」

といった清水國明による前口上であらわれたのは、上半身裸で胸の筋肉を誇らしげに動かすムキムキマン。ロケ先で軽快な音楽が流れ出すと、その肉体とは不釣り合いな間が抜けた〝体操〟を無表情で踊りだす。

男なら目立たなくっちゃ　体だけは鍛えなくっちゃ
顔なんか悪くたって　三角筋
女なら出っぱらなくっちゃ　ムキムキッとさせなくっちゃ

※2　1948〜2022年。68年、「フローラル」のヴォーカリストとしてデビュー。69年、細野晴臣、松本隆らと「エイプリル・フール」を結成。71年、初のソロ・アルバム『ありがとう』をリリースした。牧師としても活動していた。

『エンゼル体操』を踊るムキムキマン（中央）

鍛えあげて　御一緒に括約筋

「リノ&カツヤクキン」とクレジットされた、かたせ梨乃らの歌声が響く。
曲は転調していく。

産前産後の虚脱感
一時のあやまち気のまよい
のぼせ　肩こり　夜尿症
みんなまとめて骨格筋

そして再び、耳に残る軽快なメロディに。

ポパイだってゴジラだって
ないしょだけどやってるんだ

明日からは　家中で　大胸筋

ムキムキマンは「カリンチョ食べて、エンゼル体操〜！」という森永製菓のチョコレート「カリンチョ」のCMにも起用され人気を博し、シングルレコードやソフビ人形などの玩具や文房具も発売された。〝マッチョタレント〟の先駆者的存在だ。

ムキムキマンに扮した対馬誠二は、その後、浅草にスナックを開き、2003年頃には実家の青森に帰省。農場長として「ムキムキマン津軽農場」を営む傍ら、半ばボランティアで「ムキムキマンジム」として地元の人にトレーニングを教えていたという。

そのジャンルで一流の人を集めるというのは『11PM』時代からやっていたことです。

だけど、衣装だけはファッションデザインとは全然関係のない映画評論家の小森のおばちゃま[※3]（小森和子）に頼みました。あの頃、仲が良くて番組によく出てもらっていたんです。彼女は、映画の知識は深いから、その中から『ベン・ハー』の古代ローマ戦士みたいな恰好がいいとか案を出してもらいながら一緒に考えました。「グッチ

※3　1909〜2005年。淀川長治のすすめで映画評論の道へ。テレビやラジオの洋画解説やトーク番組にも出演し「小森のおばちゃま」として親しまれた。

のベルトに身を固め」と司会者が言うとおり、グッチマークのベルトをしているんです。それはおばちゃまの趣味（笑）。そうやって話し合いながらつくっていきました。やっぱりちょっとズラしたほうが面白いから。

これが大ブームになって、ＣＭやイベントでも使われたり、おもちゃや文房具にもなりました。だけど、編成の都合でこの枠がスポーツ枠になって、1年半で終わっちゃった。

そこからが大変ですよ。人は集めたのに、仕事がないんだから。その後にようやく『タモリ倶楽部』が始まるんだけど、『タモリ倶楽部』も深夜番組でしたから。振り返ってみるとずっと赤字との戦いでしたね。

COLUMN

業界用語の基礎知識　菅原正豊

笑う

テレビ業界では必要のないものを「どける」ことを「笑う」といいます。「本番までにあのイスひとつ笑っとけ！」と言われて、間違ってもイスを持って「ハッハッハ！」と笑ったりしてはいけません。笑えと言われて笑ったら笑われます。ロケの時は大変です。「あのゴミ笑え！」「あの看板笑え！」「あの車笑え！」。その度にADは走ります。黒澤明監督なんか「あの家笑え！」といって1週間待ちます。しかしテレビではそうもいきません。どうしても笑えない場合は「嫌う」といいます。「あのビル嫌ってね！」というとカメラマンは、それをよけて撮影するのです。時代劇では電信柱を、料理番組では他のスポンサーの自動販売機を嫌って撮影します。それでもダメな時は「泣く」といいます。「しょうがない、ここは泣くか！」。予算の都合、スケジュールの場合、テレビ制作は泣きの連続です。

笑ったり、嫌ったり、泣いたり、番組は喜怒哀楽の結晶なのです。

1994.5.16

レスポンス

番組放送時には視聴者からさまざまな反応の電話がテレビ局に入ってきます。このため放送時には制作スタッフ数人が番組デスクに待機します。これをレスポンスを受ける、といいます。一番多いレスポンスは、おいしい店や激安店などの連絡先問い合わせです。スタッフは取材先一覧リストを手に対応します。このあたりの対応は新人のADで十分出来ます。「あそこの店はオレも行ったが決してうまくなかった！」「もっとうまい店を知っているから次はそこを取材しろ！」。レスポンスを受けたスタッフは丁重に話をうかがい「貴重なご意見ありがとうございます」。「あのタレントは嫌いだ、なぜ出すんだ！」受けたスタッフは「だったら見ないで下さい！」と言いたい気持ちを抑えて「貴重なご意見ありがとうございます」としめます。「素晴らしい番組で感動しました。スタッフの皆さんガンバッて下さい！」こんなレスポンスはめったにありません。

1994.2.15

第8章

エンタメの基本はアナログ＆エッチです

深夜番組の隠れた名作たち

本質は〝深夜番組〟にある

菅原は、自分の本質は〝深夜〟だと言って憚らない。

そもそもテレビに「深夜」という概念をつくった『11PM』からキャリアをスタートさせたのが象徴的だが、菅原とハウフルスを代表する番組『タモリ倶楽部』も深夜の長寿番組だった。

それだけではない。〝クーデター〟により、ディレクターに戻った菅原が自ら企画し立ち上げた番組は、深夜番組がほとんどだった。

特に、『メリー・クリスマス・ショー』での赤字がきっかけとなり事実上倒産し、再び社員がいなくなった87年は、深夜番組の隠れた名作を次々と生み出している。

たとえば、演歌をテーマにした音楽番組『ENKA TV』、堺正章によるビリヤード&トーク番組『POOL 1987』（ともにテレビ朝日）、ファッションプロデューサーの四方義朗（フルハウス出身。ムキムキマンのマネージャーという名目でもあった。『イカ天』でも審査員を務め、三宅不在時は代理で司会もした）をホスト役に起用し、いわゆる「カタカナ商売」と呼ばれていたクリエーターたちをゲストに迎えたトーク番組『四方夜話』、局をまたいで『POOL 1987』を引き継いだ『出没!! 玉突き』（ともに日本テレビ）といったものだ。中でも『ENKA TV』は菅原自身、自分の最高傑作のひとつだと語っている。

僕のテレビマン人生で人と違うのは、『11PM』に入ってADから始めて、大学を卒業して会社をつくって、『おもしろMAP』や初期の『タモリ倶楽部』をやっていたときは社長だったんですよ。それで社員がみんなやめてテレビ部門に誰もいなくなって、『探検レストラン』からいちディレクターに戻るんです。

やっぱり社長のときは、番組を見て「違うな」と思っても、ディレクターにはあまり口を出さない方がいいかなと遠慮していたんだけど、いちディレクターになったら、自分の出番だと思って楽しかったですね。だから**「AD」から「社長」になって「ディレクター」になる**というのが僕のテレビマン人生の第1章。

一人になってディレクターに戻って取ってきた仕事が『探検レストラン』と『ライヴ・ロックショウ』（テレビ東京）と『TV海賊チャンネル』（日本テレビ）。全部、1984年10月に始まった番組ですね。でもスタッフは誰もいなかったんですよ。『探検レストラン』以外、深夜ばっかり……。『ライヴ・ロックショウ』は音楽評論家の大貫憲章（おおぬきけんしょう）とレベッカのＮＯＫＫＯが司会で、ライブ会場でアーティストのインタビューをするような番組ですね。

『海賊チャンネル』は、プロデューサーに頼んで入れてもらいました。当時はフジテレビが女子大生を集めてやった『オールナイトフジ』が人気で、日テレでもやろうっていうので始めたんじゃないかな。司会が所ジョージ。山本晋也[※1]〝カントク〟なんかも出てました。今のテレビでは考えられないようなスケベな番組でしたね。「ティッシュタイム」といってアダルトビデオみたいな映像をガンガン流して、「何秒前、何秒前……、３・２・１、イッちゃった！」みたいに秒読みしてみたり。それは別の人が演出していたんですけど、僕がやっていたのは、パロディっぽいコーナー。大人のおもちゃを紹介するんだけど、実際とは違う用途、たとえば、「これは料理で混ぜるときに使うんですよ」「こちらは素材の中を広げて見るものです」みたいに紹介するようなコーナー。ちゃんとそれっぽくレポートするんです。目一杯スケベをやりましたね。このとき僕がつくったのは、相当スケベだったかもしれないけど、シャレた品のいいエッチを目指していました。**エッチと下品は違いますから。**

でもやっぱりテレビはもっともっとスケベなことをやりたいですね。作り手はスケベじゃないとダメだって僕は言い続けてます。**エンターテイメントの基本は「エッチ」**

※1　1939年生まれ。1965年、成人映画『狂い咲き』で映画監督デビュー。以降数多くのピンク映画を手掛ける。「カントク」の愛称で『トゥナイト』などに出演し「ほとんどビョーキ」といった流行語も生み出した。

でドキドキするものなんですよ。

鬼才・藤田敏八監督ビデオ作品を企画

そういえば、思い出しましたが、1983年に僕はエッチなビデオを制作しているんです。この頃巷で、アダルトビデオのブームがおきまして、僕はこれで当てたら会社の赤字を一発逆転できるかなって色気を出したんですよ。

そこで『タモリ倶楽部』の「愛のさざなみ」で人気が出てきた女優・中村れい子でそんなビデオを作ろうと思いまして、所属事務所スカイの女性社長・本間さんにお願いしたら、「いいですよ。でもせっかくだったら藤田敏八（としや）[※2]監督でできないかしら」と言われまして、まあ、それも面白いかなと藤田監督に会って話したんです。そこで「こんなシーン、こんなシーン、こんなシーン（全部エッチなシーンです）をどうしても撮りたい」とお願いしたら、「わかりました」と承諾を得ました。

「でもロケはどうしてもハワイでやりたい」なんて話になりまして、監督・藤田敏八、脚本・景山民夫、プロデューサー・菅原正豊というチームで、ヒロやらコナやらキラウエア火山やらでの大ハワイ島ロケになりました。当時まだ無名でスカイ所属だった

※2　1932～97年。映画監督、俳優。監督としての代表作に『八月の濡れた砂』、秋吉久美子主演3部作（『赤ちょうちん』『妹』『バージンブルース』）など。俳優としても活躍し、『ツィゴイネルワイゼン』で日本アカデミー賞優秀助演男優賞を受賞。

石田純一や外国人の男性相手に、めくるめく官能の世界のロケを繰り広げました。

ハワイでは毎晩監督と脚本の打ち合わせです。監督は次のシーンに行くのにどうしても「必然性が大事」と言うんですね。藤田監督はほんとにいい人なんですが、そこのところのこだわりだけはどうしても譲らないんですよ。民夫と3人で朝まで議論していました。アダルトビデオなんですけどね……。

そんなこんなで完成したのですが、あまりに〝名作〟になってしまってエッチじゃないんですよ。そこで監督に頼み込んでおまけを作らせてもらって、僕の演出で中村れい子の恥ずかしい姿態をたくさん撮って付録として入れました。

ビデオの完成記者会見は西麻布の「カフェバー・フルハウス」でやりました。やっぱり藤田敏八監督の初ビデオ作品でしたから、たくさん取材が来ましたね。発売はポニービデオから、当時開発されたレーザーディスクで「火照る、疼く、濡れる……、鬼才・藤田敏八監督、初のビデオ作品」というコピーに『愛のさざなみ』というタイトル。

そこそこ売れましたが、やっぱり経費がかかってますからね。赤字はますます増えていきましたね……。久しぶりに見てみたいんですが、レーザーディスクのデッキがもうどこにもないので見られないんです。

超低予算歌番組『ＥＮＫＡ ＴＶ』

その少し後につくった『ＥＮＫＡ ＴＶ』と『ＰＯＯＬ １９８７』（ともに１９８７年）も深夜番組ですけど、自分の中では名作だと思っています。

特に『ＥＮＫＡ ＴＶ』は一部で話題になったんですよ。「世界の音楽は全部演歌だ」というコンセプトで、「マイケル・ジャクソンも演歌です」みたいに『夢は夜ひらく』の作曲家の曽根幸明さん[※3]が解説したりする番組。１本たった15万円の予算でつくったんです。スタジオはケーブルテレビがただで貸してくれました。

横に外国の女性ディスクジョッキーを置いて、演歌の人が毎回ゲストに来る。歌は僕が考える日本で一番うまいカメラマンを呼んで、たとえば八代亜紀と向かい合ってワンカメで収録しました。けっこう迫力ありましたよ。

『ＥＮＫＡ ＴＶ』はテレビ朝日で金曜深夜に放送された番組。略して「ＥＴＶ」。いわば「ＭＴＶ」の演歌パロディ。

予算がなかったため、カメラマンもひとりならば、構成作家も町山広美ひとりだっ

※3　1933～2017年。56年、ミッキー・カーチスとアイビー・シックスを結成。59年、「藤田功」名義で歌手デビュー。64年に作曲家に転身し、藤圭子の「圭子の夢は夜ひらく」で第1回日本歌謡大賞を受賞。『象印スターものまね歌合戦』（テレビ朝日）、『あなたのメロディー』（NHK）などの審査員も務めた。

た。司会は構成雑家の佐々木勝俊。
その中に海外のヒット曲を曽根幸明が演歌風（マイナー）にアレンジして、エレキピアノを弾きながら歌うというコーナーがあった。その名も「演歌ゴーズ・トゥ・ザ・ワールド」。
「当時は、夜遊びばっかりして『また霞町に町山の靴が落ちてた』なんてよく言われてたんですけど（笑）、その頃通ってた店で『フランキー・ゴーズ・トゥ・ハリウッド』の曲がよく流れてたんです。そこから『演歌ゴーズ・トゥ・ザ・ワールド』というフレーズを思いつけたのは良かったなって思います（笑）」（町山）
「曽根さんに、企画意図の『世界のヒット曲は全部演歌だ！』って解説できますか？と打ち合わせで聞いたら、『オレもそう思っていた』だって。面白い人でしたね」（菅原）
『POOL 1987』は、ビリヤードの番組。当時は映画『ハスラー2』（1986年）が公開された影響で、ビリヤードがにわかにブームになっていたので企画しました。
堺正章が司会で、ゲストとドラマ仕立てで出会い、ビリヤードで勝負しながらトークをするという番組。テレビ朝日での放送が終わったら、日本テレビに引っ越して『出没!!玉突き』ってタイトルに変えて同じフォーマットで続けましたね。これをやる前の堺はテレビの仕事があまりなかった時期だったんですよ。だけど僕は堺の大ファンだったから一度一緒に仕事をしたいなと思って出てもらったんです。

堺はそれまでビリヤードをやったことがあまりなかったんですけど、カンがいいからすぐにサマになりましたね。最初は不安がっていましたが、編集でかなり面白くなっていたから堺も信頼してくれたんじゃないかと思います。たぶん堺もあんなに編集で遊ばれた経験はなかったと思いますよ。

堺は僕のつくったシチュエーションの中で、それをぶっ壊しながら膨らませてくれた。やっぱり天才だと思いましたよ。そこから僕の前では遊んでくれるようになって『ザッツ宴会テイメント』や『チューボーですよ！』に繋がっていったんです。

講演をエンタメにした『講演大王』

『講演大王』（日本テレビ、1992年）も名作です。

当時講演会が人気になる時代が始まったんですよ。そこで講演をエンターテイメントにできないかなっていう企画を考えた。大きな20分の砂時計を作って、出演者がたったひとりで、カメラに向かって、20分間、ひとつのテーマについて講演する番組。講演がスタートすると砂時計の砂が落ち始めて、その砂がすべて落ちると終了。それまでは何があってもノーカットだったから、出演者は大変だったと思いますよ。

第1回目はタモリに頼みました。「人間は『シガラミ』から逃れることは不可能だ」みたいなことを講演してるんです。だって、この番組に出ているのもシガラミだからって（笑）。小川知子さんが幸福の科学に入信したって話題になっている頃に「幸せ」について話してもらったりもしましたね。

自分で言うのもなんだけど、深夜番組に名作がいっぱいあるんですよ。**僕はやっぱり〝深夜〟なんですよ。**なにしろ、スタートが『11PM』ですからね。

『講演大王』は1992年4月から約1年間、土曜深夜2時台に放送された番組。出演者である講演者は毎回たったひとり。最初に講演者の略歴に続き、講演テーマがナレーションで紹介される。そこから20分の講演がスタート。その20分はいかなるハプニングが起きようと収録は止まらない。編集も一切なしというものだった。

初回講演者のタモリの講演テーマは「わたしが各種行事に反対している理由とソ連

崩壊の関連性」。タモリは「各種の行事（クリスマスやバレンタインデーなど）は、不安から逃れるための幻想、大いなる錯覚で自己喪失の場」だと説き、「実体としての自分」を発見するためには「余分の要素＝シガラミ」を切り離すことが必要。だから、「シガラミを排除し、実存のゼロ地点に立て」と若者に訴えた。

その後、小川知子による「私の幸福論」、大仁田厚「人間の可能性について」、小柳ルミ子「私の考える男と女」、加納典明（かのうてんめい）「あらかじめ去勢された若者たちよ」、桜井良子「人生は万華鏡、光のあて方次第では……」といった講演が放送された。

日本で一番寝ない男

いちディレクターに戻って、いくつか番組を持つとまた人集め。次のことを考えなきゃいけないし、編集しなきゃいけないから、僕は基本、編集所にいて、ロケはいろいろなディレクターに撮ってきてもらうんです。あの頃、新聞で「日本で一番寝ない男」みたいに特集されてました。ずっと編集所にこもってやってましたからね。幼稚舎から慶應に入って、こんな徹夜するやついないよね（笑）。

この頃は学生時代の友達とはほとんど会ってなかった。仕事のほうが楽しかったたから。最近はしょっちゅう会いますけどね。昨今、テレビの世界でも労働時間をしっかり管理することが求められていますけど、もちろんそれは重要なことですよ。でも、クリエイティブの現場でそれを絶対的正義みたいに言われるとこまっちゃうんですよね。だって僕らは好きで少しでも良いものをつくりたいと思って寝る間も惜しんでやってるんだから。

ある日の編集所。その日も徹夜で映像素材と格闘していた。

「ここ、どうしたらいいかな？」

「こうじゃないですか？」

「いや、違うな」

菅原は山田謙司と話し合うも結論は出ず、作家を呼ぼうと言い出した。しかし、その時、時計の針は早朝4時を指していた。電話をするように言われた山田は、寝ているだろうなと思いつつ、一応かけてみたが、やはり出ない。

「出ないですね……」

「そうか、なんか打ち合わせでもしているのかな？」

そんな時間に打ち合わせをやるわけがないが、菅原に「寝ている」という発想はなかったのだ。こうした逸話は枚挙にいとまがない。

「徹夜が続いた時、僕は途中で寝ちゃったんですよ。だけど、菅原さんは、寝ている人を起こすような人ではないんです。で、ふと目が覚めたらモニターにノイズが走っている。周りを見たら菅原さん含め全員が寝てたんです（笑）。菅原さんはショートスリーパーなのか、寝てるのか、起きてるのかわからないときがあるんですよ。寝ながら仕事をしているというか。寝てるかなと思って菅原さん抜きで話し合っていると突然、『そうじゃないんだ』みたいに入ってくる（笑）。社員の誰よりも社長の菅原さんが一番働いてましたね」（山田）

効果音まで徹底してこだわる

やっぱりディレクターにも上手い下手があるんですよ。上手いディレクターのものはそのまま繋げばいいんだけど、下手なときほど僕の技が光るんですよ（笑）。「しょうがないからこういくしかないな」って。

『探検レストラン』なんてその連続ですよ。毎日のように何班もロケに出なきゃならないから、ロケディレクターは借りてきた人ばかり。これどうすんだ？っていう画ばっかりだから、上から違う画をドーンと落とすわけですよ。次のカットにそうやって移る。それが業界の一部の編集所では**「スガワラ落ち」**ってマニュアル化されたりね。落としたり、ジャンプさせたり、そのタイミングにはかなりこだわりましたね。

それから**効果音**。SEですね。だいたい音効さんがもってくるのは、「シャキーン!」みたいなカッコいいデジタルな電子音なんです。でも僕の生理では、「シャキーン!」じゃなくて「ポーン」だろう、「チーン」とか「カーン」だろうっていうのがある。ちょっと間の抜けたアナログな音。そこでセンスが問われるわけだからね。もっと心が入ってて、人間の機微があらわれるような、時計でいうとアナログの時計みたいなものにしたいと僕はずっと思っているんです。

あと、BGMに大ヒット曲を使うのも恥ずかしいですよね。**ちょっとB級くらいの曲を使いたい。**うちの番組のBGMといえばダジャレのイメージがあると思いますけど[※4]、それは今は佳夢音(カムオン)という音響効果の会社が、やってくれているんです。カムオンとは『探検レストラン』からの付き合いで、番組ごとに担当者は違うんだけど、『アド街』あたりから完全にうちの番組はそういうもんだってなってます。行き過ぎてるときもあるけどね(笑)。僕たちが聞いてもなんでその曲が流れてるのかわからないときがありますから、ホッホホ。

※4 『タモリ倶楽部』『アド街』をはじめ、ハウフルス制作の番組では、映像のBGMをよく聞くと、歌詞や曲名、歌手名などを使ったダジャレになっていることが多い。

最初の『探検レストラン』の頃は、僕も音楽が好きだから、そういう風にダジャレで曲を決めたいと言って、結構、口を出して一緒に探したりしてました。なんだかいろんなことに命かけてましたね。

今はデジタルで編集の技術がよくなって、ワンタッチでいろんなことができる時代になったけど、当時はテープですからテロップひとつ入れるのも大変なのに、エンドロールで「制作 ハウフルス」というテロップを車が通って轢いてつぶしたりして遊んでたんです。デジタルじゃないからコピーするたびに画質が悪くなっていくけど、一瞬で、誰も見てないとしても、そういう遊びは入れたかったんです。細かいところまでこだわってやってましたね。なんであんなに頑張れたんでしょうね。

やっぱり編集が一番楽しいですよ。だって作品って最後は編集で決まるわけだから。素材をどうにでもいじれる。そうやって編集したものが、そのディレクターの作品になるわけだから。テレビの仕事って、楽をしようと思ったら、いくらでもできちゃう。形にするだけならなんとかなっちゃうんです。でも、仕事を受けた以上は、自分の限界を超えるところまでは頑張ってお返ししたいじゃないですか。

そこまでやっているから、誰かが何かを言ってきても、「あれでいいんです。大丈夫です」って自信を持って言える。人に任せちゃったら、文句を言われたときにちゃんと説明できずに謝るしかなくなっちゃいますからね。

テロップはできるだけ入れない

ダメなVTR素材が上がってきたときほど嬉々としていたと山田は証言する。

「菅原さんは再構築する能力がすごいんです。ロケでこういうのを撮ってこようって決めるじゃないですか。それをもとに構成を決める。でも、その通りに撮ってこれるわけでもないし、実際にVTRになるとイメージが違うこともある。そうしたときに、組み立て直してストーリーをつくっていくんです。ここは4コママンガ的にしようとか、ここはドキュメンタリー風にしようとか、その引き出しがすごく多い」

町山広美は、菅原を「あきらめない人」だと評す。

「ロケで欲しい素材が撮れてなくても、撮れてないじゃないかって言うんじゃなくて、撮れていない中でどうするか考える。『タモリ倶楽部』のコーナーとかでもそうです。うまく行ってなかったら軌道修正で微調整を繰り返しながらつくっていくんです。なかなかできることじゃない。『あきらめない』なんて言葉は〝根性ワード〟で菅原さんとは合っていないんですけど、本当にあきらめの悪い人だと思います」（町山）

津田は、そうした菅原の粘りのスゴさと同時に無邪気さも感じるという。

「手を抜くってことが一切なかったですね。粘り強く積み木を組み立て直すように編集が終わると、『こういう風にしてみたんだけど見てくれる？』『どう、面白いかな？』って目を輝かせて言ってくる。そういう、自分のつくったものを見てほしいという子供のような無邪気さがあるんです」（津田）

ただ、今の編集は、またちょっと違う。あの頃は編集で遊べたんだけど、今はあまり遊ばないほうがいいこともある。ここが難しいところですね。今はもう素材勝負みたいなところがあって、変にディレクターの手をかけず、ノー編集みたいなほうがリアリティがあっていいことの方が多いですね。

逆にテロップは、入れざるを得なくなりましたね。僕はテロップベタベタな番組にしたくない派なんで……『タモリ倶楽部』や『アド街』はギリギリまで入れなかったんですけど、いまやテロップを入れないと画面が素材っぽくなってしまって、編集前みたいになってしまう。いまは全セリフを入れている番組がほとんどですから。テレビは耳で聞かずに目で見るものになったから仕方ない部分もあるんですけど、**ここだけはちゃんと聞かせたいっていうところに入れれば本当は充分だと思うんです。**

テロップを入れること自体はいいんですよ。でも、「テレビはそういうもんだ」で終わらずに、違うやり方も考えたほうがいい。他の番組と差別化できるように、人がやらないことに挑戦してもいいんじゃないかなと思いますよ。

あんまり何でもかんでもテロップを出していたら、品がなくなるし、画面を汚したくはないと僕なんかは思いますね。

ナレーションは制作者のメッセージ

ハウフルス制作の番組といえば、ナレーションも特徴的だ。ある時期までそのほとんどを武田広[※5]が担当していた。武田は、「僕は、とても不器用なんですよ。いま流行（はや）りの、煽るようなナレーションもできません」[※6]と言うが、その抑制のきいた武田のナレーションは、軽妙さと上品さが両立しており、ハウフルスのカラーに合致していた。

ちなみに伊丹十三も武田を重用し、予告編やメイキングビデオなどでは必ずと言っていいほど武田を起用していた。

「僕のスタンスは、テレビはあくまで映像がメインであって、ナレーションは映像を邪魔しない存在であるべきだというものです。身の置き所をわきまえながら、その上

※5　1949年生まれ。ナレーター。1982年に『タモリ倶楽部』でナレーターとして初レギュラー。以降『アド街』『チューボーですよ！』など多くのハウフルス番組でナレーションを務めた。

※6　『新調査情報』2004年3月号

できちんとした仕事をするということですね[※6]」（武田）

ナレーションも僕はいわゆる〝オモシロ〟ナレーションが好きじゃないんですよ。大袈裟に煽ったりして笑わそうとするような、「なーんちゃって」みたいなやつ。だから僕がやってた番組はほとんど、武田広さんにお願いしてましたね。『タモリ倶楽部』の「愛のさざなみ」からお願いして、それ以降ずっとやってもらいました。最初はいろんな声のリストを聞いて、選んだんです。それが武田さんだった。「義一と波子、運命の再会であった！」なんて、なかなかあんな風に言えないですよ。軽妙でおかしみがあって、やっぱり品がいい。それ以来、『タモリ倶楽部』は、彼が勇退するまで「武田広ショー」的な側面も確実にありましたね。

ナレーションは制作者のメッセージを伝えるものでもあるから、ナレーター選びというのは、とても重要なんです。もちろん番組ごとに変えても良かったんだけど、なかなかあの味と品を出せる人はいないんですよね。大体うちの場合は、格調高い文章にするから武田さんじゃないと合わない。

面白いでしょう？っていう感じの文章にするのは好きじゃないんですよ。面白いことが起きていても、それをナレーションでは触れずにきちんと普通に読んでもらう。

くだらないことは真顔で言うみたいな。

やっぱり**テレビは上品じゃなきゃいけない**と思うんですよ。どんなに品がなさそうなことをやっていても、武田さんのナレーションがつくと、ああ、スタッフはわかってやっているんだなとなる。だからくだらないことをやっていればやっているほど、ナレーションは上品なものをつけたいんです。

COLUMN

業界用語の基礎知識　菅原正豊

行方不明

このシーズンになると、海山での行方不明者のニュースが伝えられます。皆さんも気を付けて下さい。テレビ業界ではそのこととは関係なしに行方不明者は続出しています。放送作家時代の景山民夫氏なんか台本の締め切り日になると毎週消えてました。そのため彼の家の前には毎晩数人のADが張ってたほどなんです。行方不明者の一番多いのは当然新人のADです。私の知ってるだけでも今までに数十人ものADが蒸発しています。徹夜明けで「ちょっと着替えに帰ってきま～す」といって消えたやつ。「明日は8時現地集合ですね」と笑顔で言ったまま来なかったやつ。朝出社したら「お世話になりました」とメモを残し消息が途絶えたやつ。皆今どこで何をしているんでしょう。ところで、2週間前に「入院することになりました」と皆を心配させて消えたN君。君が入院していないことは判明している。君が皆から借りてた金は一応処理した。ともかく連絡してこい！　お父さん、お母さんも心配している。

1994.7.26

打ち切り

継続している状態を途中でやめて終わりにすること。上層部から番組の打ち切りを言い渡されると、プロデューサーは出演者及び各セクションにその事実を打ち明けなければなりません。打ち切りの打ち明けはタイミングが大切です。あまり早く言ってしまうと、全員が逃げの態勢に入り、残された何本かの収録はカスみたいなものになってしまいます。かといってギリギリまで言わないでいると、ほかからその事実が聞こえてきてつるし上げにあいます。ましてや皆、次の仕事をさがさなければならないのです。打ち切りの打ち上げでプロデューサーが言う言葉は決まっています。「また、このメンバーで集まって、いつか番組を作りたいですね！」。しかし、そんな話が実現したことがない、ということはだれもが知っています。こうして打ち明けに始まった打ち切りは、打ち上げで終わりを告げるのです。皆自分の道を選んで旅に出る、打ち上げは田舎の卒業式みたいなものなのです。

1994.3.7

第9章

会議は戦場です。一番面白いことを考える奴が偉いのです

『チューボーですよ！』『どっちの料理ショー』『秘密のケンミンSHOW』

司会は堺正章でやりたい

今までで一番思惑と違った番組になったのが『チューボーですよ！』ですね。

元々はスポンサーのサントリーから土曜の夜11時台の枠で料理番組をつくりたいって話があったんです。いろんな企画が持ち込まれたんだけど、うまく通らなかったみたいでTBSのプロデューサーとゴルフをしているときに、なにか考えてくれないかという話になったんです。

それでこんな企画書を書きました。

「一番美味しいと言われているハンバーグの店を5店くらい集めて、その作り方のいいところを全部集めてスタジオで作れば、世の中で一番うまいハンバーグが作れるんじゃないか」

TBSに持っていったら、「いいんじゃないか。スポンサーに説明してもらえますか」と言うんで、僕は担当者数人に説明しに行くつもりで紙ペラ1枚の企画書を持っていったんですけど、行ってみたら大会議場。

扉を開けると宣伝担当から役員、代理店の博報堂から調理師学校の先生まで、ずらーっと数十人が待っていたんです。騙し討ちかと思いましたよ（笑）。

企画はなんとか通ったんですけど、「司会は堺正章でやりたいと思います」と言ったら、若い社員からこんな反応が返ってきました。

「堺正章？　他にいないんですか？」

あの頃、マチャアキは『かくし芸大会』くらいしかテレビに出ていなかったですから。若い世代は堺のスゴさをよく知らないんですよ。

堺は5歳の頃、子役として芸能界デビューして、10代の頃にザ・スパイダースに加入してボーカルとしてGS（グループサウンズ）ブームを牽引しました。『時間ですよ』（TBS）や『西遊記』（フジテレビ）などドラマでも活躍し、『ザ・トップテン』（TBS）など多くの番組で司会も務めていたから、歌も芝居も司会も超一流。堺は才能がありすぎて、普通の演出家は使いづらかったんだと思いますよ。

僕は堺のファンで、彼は我々世代のヒーローだから、堺があまりテレビの仕事をやってない時期に、何か一緒に仕事をしたいなと思って、先述したビリヤードをしながらトークする深夜番組『POOL 1987』を堺と立ち上げた。『夜も一生けんめい。』の特番の『芸能人ザッツ宴会テイメント』（日本テレビ）もレギュラーになってもらって一緒にやっていたし、あの頃はよく仕事をしてました。

「ザ・芸能界」っぽいところがあって、あんなエンターテイナーは日本では他にいないし、もうこれからの日本では出ないんじゃないですか。だから「堺正章で大丈夫ですよ」って言うんだけど、やっぱりみんなよくわからないんでしょうね。そのとき、サントリーの有名な宣伝部長だった若林覚（わかばやしさとる）さん[※1]が僕のつくる番組を知ってくれてたみたいで、言ってくれたんです。

「つくる人がそれでいきたいって言っているんなら、それでいったらいいじゃないか」

その一言でGOサインが出ました。

包丁を握ったこともなかった

僕はマチャアキで、カナダのグラハム・カーの『世界の料理ショー』[※2]みたいなものをやりたかったんですよ。

軽妙にトークをしながら、塩・コショーをジャグリングするみたいに華麗な手捌きで料理していく。手先が器用で多芸な堺なら少し練習すればそれができると思っていたんです。それで堺の事務所の川村社長に連絡をしました。

「堺正章で決まりましたので、よろしくお願いします」

※1　1949年生まれ。早稲田大学卒業後、71年にサントリー入社。宣伝部長として日本宣伝賞、フジサンケイメディアミックス大賞、新聞広告賞など多数の賞を受賞した。

※2　1968〜1971年にCBC（カナダ放送協会）で放送された料理バラエティ番組。料理研究家のグラハム・カーが司会を務め、プロデューサーが取材した世界各地の料理の体験談をもとに、同じものをスタジオで調理していくという内容。

「おお、いいな、堺だと面白いのができるぞ」

事務所側ももちろん乗り気だったんです。けれど、翌日に電話がかかってきました。

「菅原、困ったよ。堺が嫌だと言っているんだ。料理なんかやったことないし、料理やりながらトークなんかできるわけない、と。もういくら俺が言ってもダメだから、菅原、お前が口説いてくれ」

堺は日本を代表する名脇役の堺駿二さんの家に生まれたお坊っちゃまだから、台所に入ったこともなければ、包丁やナイフを持ったこともない。鉛筆は鉛筆削りで削っていたから、ナイフを見るのが怖いって言うんですよ。それからちょっと血が出たくらいで「おい、どうすんだ！」と慌てるような人だし。あと、火も怖い（笑）。

赤坂プリンスホテルで堺と会って、「これからの時代、料理ができるタレントはもう一つシャレて見えるよ」なんて必死に説得しました。最初は「ムリだ！」って断ってきたんですけど、あんまり僕が一生懸命に言うから可哀想だと思ったんじゃないですかね、「じゃあ、なんとかやるよ」ってなんとか引き受けてくれました。

それでアシスタントに決まった雨宮塔子と一緒に、国立（くにたち）の辻調理師専門学校へ一度連れていったんです。堺にリンゴを剝かせてみたら、まったくできない。雨宮も打ち合わせのときに「料理はできる」って言ってたんですよ。

「どんな料理？」

「男っぽい料理が好きです！」

「いいなぁ！」

そしたら実はそれがバーベキューだった……。

「もしかしたら俺たちはとんでもないことをやろうとしてるんじゃないか……」

帰りの電車で一緒に行ったプロデューサーの高浦と2人でブルーになりながら帰りました。


1回目のゲストは中森明菜で、ボンゴレ・ロッソをつくったんです。普通に考えたらハンバーグとか餃子で始めるのかもしれないけど、やっぱり『アド街』で初回を代官山にしたように、ちょっとシャレたところから始めたいな、と。

そしたら、堺がフライパンでアサリをいためているときに、ワインを注ぐと、火がバーーーンっと上がって、あろうことか堺は「わーーー！」って逃げちゃった。そこから「炎の料理人」という異名をつけたんです。全然思惑とは違ったけど、これは面白い番組になるんじゃないかと思いましたね。

その初回のプレビューをスポンサーの人たちと一緒に見たんですけど、もうみんな大拍手。企画を通してくれた宣伝部長の若林さんも「これは当たるよ！」って喜んでくれて。「じゃあ、ゴルフコンペはいつやろうか？」みたいになって……。やっぱり責任を持って判断してくれた人が喜んでくれると嬉しいですよ。逆に外しちゃうと本当に申し訳ない気持ちになりますけどね。

料理は１回分、一発勝負

『チューボーですよ！』は、１９９４年４月から２０１６年12月までの約22年間、土曜23時半から30分放送されていた。

「炎の料理人・三つ星シェフの堺正章です」という挨拶から始まり、その日のゲストや、つくる料理が紹介される。「街の巨匠」と呼ばれる一流料理人がＶＴＲでレシピを伝授。その工程に従って堺らが料理をつくっていく。ただし、そこは堺正章。料理そっちのけでゲストと脱線トークをしたり、即興のミニコントが始まったりもする。そうしてできあがった料理をゲストと一緒に食べ、ゲストがミシュランよろしく「三つ星」で判定、「いただきました！　星３つです‼」といった堺の絶叫は、彼の代名詞のひとつとなった。

この番組で用意される食材は１回分だけ。だからやり直しがきかない。いくら焼きすぎてしまおうが、フライパンから食材が落ちてしまおうが、そのまま進む。だから料理番組ではありえない、料理がまともに完成しないなんてことも起きてしまう。「星ゼロ」＝「無星」評価のときさえあった。

アシスタントは、雨宮塔子に始まり、外山惠理（とやまえり）、木村郁美、小林麻耶、枡田絵理奈と、ＴＢＳアナウンサー（当時）が務めたが、２０１３年に『新チューボーですよ！』とリニューアルすると、タレントのすみれや森星（もりひかり）が務め、平成ノブシコブシ・吉村崇も加わった。

マチャアキの「厨房エンターテイメント」というものをつくろうと思ったから、メインのセットはチューボーステージ、「日本で1番長い厨房」というコンセプトでつくったんです。

あくまでも堺がつくったもので評価したいから、あらかじめ何分煮込んだものを差し替えるみたいなことはしなかったですね。堺の味がどうなるかが勝負だから、とにかく最後まで、全部、堺がやる。**失敗したら、失敗したままが面白い。**お皿からバーっと落ちちゃったこともあったし、丸焦げになったこともあったし……。

餃子を作って食べて、ゲストの研ナオコが「まずい！」って（笑）。料理番組で「まずい！」「星0です」なんて普通はありえないですけどね。堺が実際に画面に映っているのは、せいぜい15分くらいですけど、煮込んでいる時間とかも含めて、使わないシーンが2時間近くある。その間、堺は、延々ゲストと喋って、ギャグをやって笑わせている。それをどう編集で繋いで一番面白く見せるかというのが、今度はこっちの勝負なんです。

『チューボー』はバラエティだけど、ドキュメンタリーでしたね。**つくりものでない、自然に生まれるものは面白くなる。**もちろん万全の用意はしておきますよ。でも隅から隅まで考えたにもかかわらず、違うものができちゃう。それが面白い。

雨宮塔子なんてあんなボケボケの子だと思ってもなかったですから（笑）。堺も、足だけは引っ張らないでくれ、邪魔だけはしないでくれって冗談で言ってたんだけど、始まったらバカバカ足引っ張るんだから……。それで雨宮塔子が売れちゃう。テレビってそういう面白さがありますよね。

『チューボーですよ！』は、菅原の証言のように紙ペラ1枚の企画書から始まり、初回収録からその思惑を超えてできあがった番組だ。それこそがバラエティ番組の醍醐味とも言えるだろう。菅原は1993年10月から一年間、毎日新聞に掲載された「菅原正豊のテレビ言語の基礎知識」と題した連載コラムで「企画書」について以下のように綴っている。

仕事が決まる時に形式的に作る書類のこと。なるべく短く簡潔に、紙っペラ1枚あれば、その目的は達せるのです。一方、採用する側においては、なるべく厚く難しい文体で書き込んである方が担当者としては安心感につながります。番組が当たるかどうかということは企画書の良しあしとは全く別の次元のことです。

その証拠にほとんどの番組は放送される時点では企画書の原形をとどめないケースが多い。特にバラエティー番組は内容を企画書で読みとることは不可能に近いとされています。「ボキャブラ天国」も「夜も一生けんめい。」も「イカ天」も発注した担当の方に勇気とあきらめがあっただけなのです。※3

この頃の僕の企画書なんて手書きだから。例題をいくつか書いて、せいぜい2〜3枚。本当は1枚で全部わかるっていうのが理想だと思います。企画書は決める側の安心材料でもありますからね。いまはやっぱりちゃんとした企画書が必要なんだという

※3 「テレビ言語の基礎知識」1993年10月5日掲載

ことはわかりますよ。

バラエティって、白紙に色を塗っていくようなもの。それを企画書だけ見て、白いものが動き出していくのが見えないとわからないですよね。人気のタレントがいればいい、それはそれで大事なことなんだけど、それだけじゃない。なのに、それしか通らなくなっていく。よそで当たったからこういうのが当たるだろう、とか。やっぱり企画書を見て動いていくのが見える人を育てないと。

人に賭けるのもあるし、編成マンがこれは面白いといって賭けるのもあるし、いろんなパターンがあった方が面白いテレビができると思うんです。けど、今はみんなお試しで当たったものを採用するから、結局どれも同じようなものになってしまう。新しいものが生まれにくい構造になっている。

新しいことをして失敗するとその担当の責任になってしまうから、失敗することを恐れてしまってる。でも全部成功するわけじゃないですから。イチローだって4割打てないんですよ。いろんな番組があった方がテレビは面白いんですけどね。

企画はコンセプトから考える

企画はコンセプトから考えます。たとえば『ENKA TV』は「世界のヒット曲は全部演歌だ」、『アド街』は「街は商品だ」とか。『世紀のワイドショー！ザ・今夜はヒストリー』[※4]っていう番組もつくりましたけど、あれも「あの時代にワイドショーがあったら？」というコンセプト。やっぱりやりたいことが一言でわかる企画がいいと思うんです。

タイトルは大抵自分で考えます。『チューボーですよ！』も僕が考えました。自分たちは『チューボーですよ！』がいいと思ってるんだけど、スポンサーのサントリーにプレゼンしないといけないから、タイトル案の3つ目くらいにそれを書いておくんです。最初の案では、ユーミンの「中央フリーウェイ」のパロディで『チューボー・フリーウェイ』とか出して、

「これはタイトルバックがいいんです！『右に見える競馬場　左はビール工場』でサントリーが出てくる」

みたいに言って（笑）。でも、やっぱり『チューボーですよ！』に決まりましたね。

※4　2011～2012年にTBS系で放送された歴史バラエティ番組。歴史的事件が起きた日にタイムスリップし、ワイドショー的に取り上げるという内容。

堺が出演していた『時間ですよ』にかけていましたから。

うちのタイトルは『SHOW』とか『天国』が多いんです。あと『出没』。『天国』っていうとバカっぽい。『出没』はちょっとのぞいてる、遊んでる感じがする。『SHOW』はエンターテイメントっぽい。でも、**音楽番組に『SHOW』ってつけちゃうとつまんない。そうじゃない番組につけるとエンターテイメント感が出る**んですよ。『ケンミンSHOW』も、『ケンミン天国』だと、まんまになっちゃう。『ケンミンSHOW』だからいいんですよね。

略したらどうなるか、それは最初から考えますよ。『チューボー』とか『アド街』とか『ケンミン』とか『イカ天』とか。どういう風に呼ばれるかは大事ですよね。

このタイトルについては町山広美がツッコミを入れている。

「同じワードを何度も使っていますよね。本当に気に入っているんだなって。そこに照れはないのかって思いますけどね（笑）」

あと、うちの番組はサブタイトルのキャッチをつけるようにしていますね。

たとえば『おもしろMAP』は「クロスオーバーテレビマガジン」。『タモリ倶楽部』

は「FOR THE SOPHISTICATED PEOPLE」。洗練された人たちのために、みたいな意味ですね。『今夜はヒストリー』は「世紀のワイドショー」で、『アド街』は「地域密着系都市型エンターテイメント」。『ケンミンSHOW』は「カミングアウトディスカバリーエンターテイメント」。タイトルをデザインした時にオシャレだし、何か頭が良さそうに見えませんか？　やっぱり元々デザイナーになりたいと思っていたから、広告に憧れてるところもあるんでしょうね。

会議は戦場です

番組がひとりの力だけではできない以上、他の多くのものづくり同様、会議は不可欠だ。前出の連載コラム「菅原正豊のテレビ言語の基礎知識」では「会議」について、こう菅原流に書かれている。

会議はレギュラー番組において週1回、2時間くらいを基本とし、通常はプロデューサーの仕切りで進められます。

会議において大切なことは「遅刻した時の言い訳」「早退する時のタイミング」、

この2点に絞られます。あとはその人間の立場によってその2時間をどう過ごすか、が本人自身のテーマとなるのです。

会議の席は特別決まってはいません。第1回会議の時に着いた場所が、番組の続く限り、その人の定位置となります。先のことを考え、なるべくドアに近い席を取ることをお勧めします。

通常会議で物事が決まることはほとんどありません。問題点が出され、いつも決まった人のみが発言し、何となく雰囲気で解散します。持ち越された問題点に関してはその後、担当のディレクターが一人で悩めばいいのです。

こうして毎週この繰り返しの中で番組は作られていきます。

会議は番組制作において人間修業の場なのです。※5

津田誠はプロデューサーを務めることになったときに菅原から言われたことがあるという。それは「会議は仕切れ」。

「会議を仕切って初めてプロデューサーだよ」

ハウフルスの会議は、菅原の人柄もあり、基本和やかに進む。ピリピリしたムードは皆無だ。一方で、菅原はワイワイガヤガヤしたような会議は嫌う。だから、プロデュー

※5 「テレビ言語の基礎知識」1993年10月18日掲載

サーに仕切ることを要求するのだ。山田謙司はそんな会議の雰囲気をこう証言する。
「冗談の言い合いですから。笑わした者勝ち。ピリッとした雰囲気になるのは菅原さんは嫌いなんです。でもズルズルするのも好きじゃない。だから僕らがずっと冗談言ってると、さっきまで盛り上がってたのに、急に『そうじゃない』ってなるときもある（笑）。もう菅原さんの頭の中では先に行ってるんでしょうね」（山田）
そして、いいアイデアが出なくても決してあきらめない。
「煮詰まって深夜1時くらいになっちゃって、『もうさすがに出ないな、今日は解散するか』ってなっても、翌日の昼くらいには『思いついたよ』って。ずっと考えてるんですかね……。たまに何言っているんだろうっていうのもありましたけど（笑）、よく冗談で『俺は肩じゃなくて脳が凝ってるから。頭を開けてぎゅーって揉んでもらいたい』って言ってました（笑）」（山田）
僕は**会議は戦場だ**と言っているんです。他人が面白いアイデアを出したら、それ以上のアイデアを出してやろうと思うし、負けたくないじゃないですか。みんなが唸るようないいアイデアが出た時が、最高の幸せですよ。やっぱりいいアイデア出したやつが勝ちだし、全部戦いだと思うんです。編集もそうだし、スタジオ収録もそうですけど。

だから、ADでもなんでも面白いこと言ってほしいんです。別に会議で喋るのは社長だからとか、役職だからっていうんじゃないんだから。会社の経営会議をやってるわけじゃないんだからね。**面白いものをつくろうってときは、みんな平等。**

ADにしろ、プロデューサーにしろ、みんなテレビは見ているわけだから、喋る権利はみんなにある。だから「みんな、喋って」って言うんだけど、やっぱりなかなか難しい。十数人いても結局は2~3人で話してしまっている。だからやっぱり、誰かがうまく回さないといけない。それはプロデューサーの重要な役割でしょうね。会議ではいつも「一人一つは言え！」と用意はさせて、振るようにはしているんです。「戦場だ」っていうのはそういうこと。戦いですから。

会議って、ひねり出すもの。誰かが面白いアイディアを出して、それが膨らむっていうのが理想なんです。でもなかなかそういうことってなくて、一人になってから無理やりひねり出す場合が多い。

『ケンミンSHOW』が生まれた会議

面白かったのは企画会議で『ケンミンSHOW』が生まれたときですね。

テレビのモニターに何かを映すときに、ザーっと画面がノイズになったんです。それを見たＡＤの女性が突然声を上げたんです。

「あー、ジャミジャミやー！」

「なにそれ？」って聞いたら、その子は、福井県の出身で、福井ではノイズを「ジャミジャミ」って呼ぶらしい。誰もそんなこと知らないから「へー」ってなったんだけど、彼女にしてみれば、日本全国みんながそれを「ジャミジャミ」って言うと思っていたので、逆にびっくりした。その状況って面白いねっていうところから『ケンミンＳＨＯＷ』が始まったんです。「カミングアウトディスカバリーエンターテイメント」というサブタイトルはそういうところから来ているんです。

司会のみのもんたさんは、あの頃日本で一番忙しい司会者だったんですよ。東京のみのさんと、大阪の久本雅美、抜群の組み合わせでした。久本はメチャメチャうまいですね。みのさんやパネラーのしゃべりを全部ひろって自虐ネタで返していく。あんな女性司会者いませんよ。

番組開始から10年以上経って、みのさんが体調を崩されて、次の司会者は東京生まれの爆笑問題の田中裕二にすぐに決めました。

爆笑問題との仕事は『ボキャブラ』以来です。田中はやっぱり腹がすわってますからね。日本で一番めんどうくさい太田光を操ってるんですから（笑）、何が起きても大丈夫なんですよ。だから始まってすぐに田中が体調を崩して3～4週間休んで、代役で太田が来るとなったときはちょっと心配しましたね。

当日、太田の控え室に挨拶に行ったんですよ。そしたら部屋に入ったとたん、オモチャのピストルで「バーン！」って撃たれたんです。そこで「ウ～!!」とお約束で倒れたら、周りにいた関係者たちが、「太田さん、ダメですよ。こんな年寄りを撃っちゃ」って。それで「太田くん、今日はありがとう。でも、2回までにしてね。3回以上はキツいな……（笑）」と言ったんです。

そしたら翌日、彼らのラジオで太田が「ハウフルスの菅原さんが挨拶に来てくれた。でも『代役3回はキツいな』って言われたからピストルで撃ってやった」と言っていました（笑）。

『ケンミンSHOW』って、ひとつ間違えると「お国自慢」みたいになっちゃうのを、都会の目線でやっている番組なんです。だから、からかっているように見えるかもしれませんが、今や扱われる県もそこのところをわかってきて、北関東の人たちだって自分たちで自虐的なことを面白がってくれている。やっぱりカッコよく恥をかかせてあげてるからわかってもらえてるんだと思いますよ。

『ケンミンSHOW』が放送されている木曜21時といえば、以前は関口宏と三宅裕司が司会を務めた『どっちの料理ショー』が約10年にわたり放送されていた。これもハウフルス制作の番組だ。

関口と三宅のふたつの班にわかれ、ローストビーフと北京ダック、天ぷらと串揚げ、五目炒飯と五目焼きそばなど、似通った料理で、どっちを食べたくなるかを〝対決〟する番組だ。

「関口さんとは仕事したくないんです」

『ケンミンSHOW』の前は、関口宏さんと三宅裕司さんで**『どっちの料理ショー』**をやっていました。日本テレビで『11PM』から『SHOW by ショーバイ!!』、『24時間テレビ』までずっとお世話になっていたプロデューサーの高橋進さんが、読売テレビに移って役員になったんですけど、木曜21時の読売テレビ制作の枠の番組が終わるから、何か考えてくれって言われたんです。

司会が関口宏さんだということは決まってたんですが、僕はあんまり乗り気じゃなかったんですよ。それでも高橋さんが、1回だけでも会ってほしいということで会うことになりました。初めてお会いした時、関口さんに、

「僕はあなたとだけは仕事したくないと思っていたんですよ……」

と正直に告げました。

「どうして……?」

その頃、関口さんは日本テレビで『知ってるつもり?!』をやっていたんですけど、収録の当日に出来上がったVTRを見て、この出来では収録できないと中止にした、みたいな噂があったんです。ゲストもスタンバイしているのに。収録後には延々と反省会をやるって話も聞いた。いくら司会者で、番組をよくしようと思っているからと言ったって、つくるのは我々なんだから、そんな司会者とは仕事をしたくないと話したんです。でも、話をしているうちに関口さんの人柄が伝わってきて、僕の先入観が違っていたことに気がつきました。

「僕が企画したものは僕に責任があるんだよ。今度のは菅原君の企画なんだから、僕は言われるままにやると思うよ」

そうなると、今度プレッシャーは僕の方に来る。あれだけ視聴率をとり続けた人を引きずり出した以上、汚点を残させるわけにはいきません。こうして番組は始まりました。

ＴＢＳの『渡る世間は鬼ばかり』という30％の怪物番組の裏で苦戦を続ける中で、関口さんは内容に関して一言も口を出さなかったんです。出さなかったどころか、今までどの番組でも見せたことのない、関口宏の可愛らしい別の面までどんどん見せていってくれました。

打ち合わせに電車で来た男

『どっちの料理ショー』は、最初は『輝け！噂のテンベストＳＨＯＷ』という番組でした。三宅裕司さんと『ＥＸテレビ』[※6]月曜日にやっていた「今週のヒットパレード」をベースにして、話題の人物やものを二人ががかわるがわるランキング形式で紹介していく内容で、１９９５年10月の第一回の1位は「インターネット」でした（2位は「亀ゼリー」）。１９９５年に始まったから、ちょうど「Windows95」が発売された頃。関口さんも「なんだかよくわかんないねえ」って言ってましたね。僕も「よくわからないけど、これから来るらしいです」って……。そこそこ面白かったんですけど、数字としてはなかなかついてこなかった。

それであるとき、2つの料理を出して対決する企画をしたらガツンとすごい数字が

※6 『11PM』の後継番組として、1990年から1994年まで放送された深夜番組。日本テレビ制作の月・水・金は三宅裕司、読売テレビ制作の火・木は上岡龍太郎が司会を務めた。菅原は月曜日の演出を担当。

来たんです。だから、そっちに全部切り替えることにした。レストランなんかに行ったら、親子丼にしようか、天丼にしようか、「どっちの料理にしよう」って迷うことがあるじゃないですか。それをそのままタイトルにして番組にしたら面白いんじゃないかということで始めました。

こうして一年半、『どっちの料理ショー』はとうとう20%が見えました。この間スタッフを信頼してくれてたぶんガマンしてくれてただろう関口さんに恩返しできたかもしれないと思います。関口さんとは今でも食事をしたり、ゴルフをしたり、いい関係でお付き合いさせていただいてます。あんな素敵な年の取り方をしていきたいと思いますね。

この番組では草彅剛くんにも助けられました。最初の打ち合わせのとき、夜遅くに会ったんですが、「ここまでどうやって来たの?」と聞いたら、「電車で来ました」って。SMAPも電車に乗るんだと感動しましたね(笑)。古いジーパンとかマニアックなことに興味を持っていて、それが番組を膨らませてくれました。たまには会いたいな、と思っていたけど、大俳優になっちゃった。

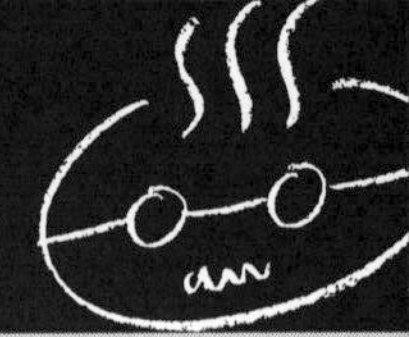

番組タイトル

タイトルのない番組はありません。『題名のない音楽会』というのもタイトルです。新番組が出来る時、企画書の段階ではタイトルは仮でつけられます。番組決定と同時にスタッフはタイトル案を徹夜で数百も考えます。最終的には時間切れで「こんなもんだろー」と決まります。あまり「これが最高だ！」といって決まったタイトルはありません。番組タイトルを考える時、一番大事なことは新聞のラテ欄との関係です。ヨコ10行へなるべく1行で入れるためには10文字以内で考えなくてはなりません。それでもゴールデンタイムならタテも数行ありますが、深夜番組ではヨコ1行も使えなかったりするのです。その条件の中で「！マークをどう使うか？」とか「漢字とカタカナとひらがなをどう配置するか？」とか、スタッフはそれなりに研究した結果、タイトルは誕生しているのです。あたる番組とタイトルの関係……次回は例を挙げて説明します。

1994.1.24

番組タイトル - その 2-

番組のタイトルを決める時、大事なポイントは縮めて、愛称として呼べることです。「なるほど」「ショーバイ」「マジカル」「ねるとん」これだけでどの番組かわかります。一方、「まる見え」「生ダラ」「木スペ」のようにそれだけ聞くととてもはずかしくて口には出しにくい言葉も、番組さえ認知されてしまえば「生ダラの○○で～す！」と女性スタッフでも平気で言えるようになるから不思議です。かつて「おめざめマンボ」略して「おめマン」という番組を作りましたが最後まで認知されずにスタッフは恥ずかしい日々を過ごしました。また一方「夜も一生けんめい」のように縮めにくいタイトルは「夜は……」とか「今夜も……」とかいまだに間違えられます。「EXテレビ」にいたっては「イーエックス……」と読まれてしまうのです。いずれにしろ番組さえあたればタイトルはついて来ます。いいタイトルというのは、あたった番組のタイトルのことをいうのです。

※他にも『アド街』・『イカ天』・『ボキャ天』・『ヒッパレ』・『チューボー』などの番組が愛称で呼ばれています。

1994.1.25

第10章

テレビ番組は「夢」の沢山つまったエンターテインメントです

『ボキャブラ天国』

数々の芸人を生んだ『ボキャ天』

90年代後半、空前の若手芸人ブームが巻き起こった。

その名も「ボキャ天ブーム」。ハウフルスが制作した『ボキャブラ天国』シリーズ（1992〜99年）が契機になって生まれたものである。

「ボキャブラ発表会・ザ・ヒットパレード」のコーナーに出演した若手芸人たちは「キャブラー」と呼ばれ、爆笑問題やネプチューンが大ブレイク。他にも海砂利水魚（現：くりぃむしちゅー）、底ぬけAIR-LINE、Take2、ノンキーズ、X-GUN、BOOMER、プリンプリン、松本ハウス、U-turn、金谷ヒデユキ、アニマル梯団、つぶやきシロー、デンジャラス、パイレーツら数多くの芸人が飛躍的に知名度をあげた。ちなみにアリ to キリギリスの石井正則がドラマ『古畑任三郎』のレギュラー・西園寺役に抜擢されたのも脚本の三谷幸喜が『ボキャブラ』を見てピッタリだと思ったから。「不発の核弾頭」（爆笑問題）、「邪悪なお兄さん」（海砂利水魚）、「遅れてきたルーキー」（BOOMER）などそれぞれの芸人にキャッチフレーズがついているのも人気だった。

このブームがいかにスゴかったかを示すエピソードがある。

ネプチューンが神奈川のショッピングモールで営業があった。『ボキャブラ天国』出演前に行った時は、お客さんが集まらなさすぎて中止になってしまった。しかし、『ボキャブラ天国』出演後に同じ場所で営業をすると、今度はお客さんが集まりすぎて危険だと中止になってしまったという。

だが、そもそも『ボキャブラ天国』は、若手芸人たちが大挙して出演するような番組ではなかった。「文科系語学エンターテイメントのパイオニア」と銘打った、ダジャレをベースにした視聴者投稿番組だった。それを『タモリ倶楽部』の「空耳アワー」同様、映像化して見せていたのだ。

『ボキャブラ天国』は、フジテレビの編成プロデューサーから話があったんです。「水曜の夜7時半からの30分の枠を任せたい。菅原さんの好きなことをやっていいから」

あの頃会議の時、誰かがダジャレを言うと、それに輪をかけてダジャレを言い返したりしていることが多かったんですよ。そこで「ダジャレがテレビにならないか」という発想で企画を立てたんです。当時、ちょうど『タモリ倶楽部』で「空耳アワー」

が始まった頃だったので、その流れもありました。

「ボキャブラリー」から採ってタイトルを「ボキャブラ」にしたのは、翌日までがリミットでひねり出したのを覚えてます。語感がすごくいいから、我ながらいいタイトルを思いついたなと思います。そのうち、ダジャレのことを「ボキャブる」と言うようになったりしていったんです。

田邊社長にお願いして、司会はタモリになりました。最初は芸人のネタではなくて、視聴者投稿のダジャレネタを映像にして審査していたんです。その映像をどれくらいのレベルでつくっていいのかというのは、悩みました。きちんとしたドラマ仕立てにするのか、コントっぽくするのか。初回用に8本くらいVTRをつくったんですけど、いろんなパターンで撮ってみました。

出演者も本職の役者を使って撮るか、それともバラエティの人か、素人を使うかで模索しました。それで最初は、役者とバラエティの中間みたいな感じで、WAHAHA本舗[※1]の柴田理恵さんと佐藤正宏くんに出てもらったんです。主婦役の柴田さんのところに押し売りの佐藤くんがやってくる。で、なんだかんだやりとりがあってお風呂で佐藤くんのお尻を柴田さんが洗っている。TOTOウォシュレットの「おしりだって、洗ってほしい。」というコピーをボキャブって「押し売りだって、

※1　1984年、主宰の喰始（たべ・はじめ）が旗揚げ。東京ヴォードヴィルショーに所属していた佐藤正宏、久本雅美、柴田理恵、村松利史らが独立して参加した。過激な下ネタを多用するのが特徴。

洗ってほしい」と。

これが一番わかりやすくていいかな、と思ったから、最初に流したら、スタジオはシーン……。誰も何も言わない。どう見たらいいかわからないから、笑っていいのかもわからなかったんでしょうね。やっぱり目で見る映像と、耳で聞くダジャレの面白さは違うんですよ。

その状況で司会のタモさんは、例のシニカルな笑いで、「だからやめようって言ったんだよ」って（笑）。僕らもシャレで「つまらなかったらいつでも帰っていいですから」と、タモさんが帰りたくなったら帰れるようにセットの一部に出口の扉をつくっておいたんですよ。

2本目も3本目も〝シーン〟が続いて、さすがにフジテレビ編成局の小林さんも不安そうに言ってきました。

「これ、大丈夫ですかね？」

僕はでもニコニコしながら「もうちょっと様子を見ましょうよ……」って。笑いの番組で笑いが起きないってこんなに怖いことはない。

でもやっぱりタモリはさすがですよ。

「この時間でこの企画は無理だと俺も言ったんだけどな……」

出口の扉を開けたりしながらそんなことを言いつつ全然動じないし、無理に取り繕ったりもしない。

それで4本目。いまの倫理観では使えないネタなんですけど、面接会場に極度に緊張したアジア系の若者が入ってくると「対人恐怖症」の字が出て「よろしくお願いします」と言った途端に変身し、ムエタイの選手になって回し蹴りをする！　面接官がうろたえるところに字が変わって「タイ人恐怖症」。そこでスタジオ中ドーンっと笑いが起きて、タモさんも「来ましたね」。フジテレビ小林さんとも「なんだかいけそうですね」って。嬉しかったですね。あの瞬間、今でも思い出します。そこから段々、要領をつかんでいきました。

視聴率も、1ヶ月後には20％近くになりました。最初に子供から火がついたんです。7時半からだから子供が見ていて、小学生からハガキがたくさん送られてきたんです。一生懸命書いてある。

投稿の数はスゴかったですよ。1週間に1万通くらい来てました。見るのだけでも大変。似たようなネタも多いし、面白くても映像に出来ないものも多い。まず8人くらいのディレクターがいくつも絵コンテにして、僕がチェックするんです。だから僕の席の前に夕方から夜中までズラーッと絵コンテを持って並んでいる。その後撮ったものもチェックするんだけど、撮り直しも少なくなかった。僕も大変だったし、ディレクターも大変だったと思いますよ。ロケの日はそこら中、小道具だらけ……。

菅原からのOKはなかなか出なかったと、ディレクターとして参加していた山田謙司は証言する。

「自分の中で確固たる基準があるんですけど、それがストレートじゃないんですよ。ナンセンスなものも好きだし、知的なものも好きだから幅広くて、何が正解なのかなかなかわからない。これならいいんじゃないかと持っていっても『そうじゃないんだよ』って。

とにかく正面突破はしたくない人なんです。大上段からどうだ！っていうのが嫌いで、横からスッと投げるような。タレントに『この会社がつくったものはバカだねぇ』って言われたい、とよく言っていました。そういうくだらないものをつくりたいというのは方向性としてあったと思います」（山田）

好きだったのは、「どうかしてるよ！」っていうのをボキャブったネタ。歩道橋の上からみると、横断歩道に、その色に体を塗った人が立っている。「同化してるよ！」って（笑）。準備が大変でしたよ。

「もういいかい、わ〜だ（ま〜だ）だよ」というためだけに和田アキ子が出てくれたこともあった。「自画自賛」で「字がじいさん」というのもあったね。

ボキャブラ・マトリックス

この番組初期の象徴となったのは「ボキャブラ・マトリックス」だ。

X座標に「シブイ」「インパクト」、Y座標に「知的」「バカ」を配した相関図になっており、タモリが投稿作品の性質をもとに評価し、このパネルにハガキを貼っていくというアナログな方式だった。

この4つの座標軸は、いずれも菅原の作品を語る上で欠かせない要素で、菅原の嗜好の幅広さをそのまま示しているといえるだろう。

「ボキャブラ・マトリックス」は僕の〝発明〟のひとつなんです。なにか基準があったほうがいいねってことになって、当時高校野球やなにかで、バロメータを図式化するみたいなことが結構あったんです。それでマトリックスにしようと。

「ボキャブラ・マトリックス」

縦軸と横軸は何がいいかを考えて、縦は頭が良さそうかどうかで「知的」と「バカ」、横は派手かどうかで「インパクト」と「シブイ」にして、自然と「シブ知」とか「バカパク」みたいな言い方が生まれていった。それだけの話なんですけどね。やっぱりそこもタモさんがうまいんですよ。絶妙なところに置く。それで、評価外の「ポイ」とかが生まれたりしましたね。

ちなみに『ボキャブラ』シリーズのタイトルロゴも、『チューボーですよ！』や『アド街』同様、井上嗣也のデザインだ。

「菅原さんはテレビ畑以外で活躍して

いるクリエイターが好きですからね。いつも井上さんの事務所に行って遊んでました。帰ってくると『こんなデザイン作ってもらった』って嬉しそうに見せてくれるんですよ」（山田）

 若手芸人ブームを生み出す

放送枠が夜7時半から、10時台になって、その後半は「大人のボキャ天」なんてコーナーもやっていました。画面の下にヒツジの絵が流れると、子供は寝てください、ここからはエッチになりますっていう合図。たとえば「イエスタデイ」。下の階に老夫婦、上の階に若夫婦で一緒に電気が消えて「上下(うえした)でー」。エッチだけど下品にならないようには気をつけました。「サイと一発（ファイト一発）」とか「後ろカバ前カバ、ゾウゾウ（後ろから前からどうぞ）」、こういう映像は苦労しましたね。

「みなさん、カンバンは！」という看板の字を変えちゃうミニコーナーもありました。僕がやっていた『EXテレビ』の月曜日に「看板でしりとりをする」企画をやってたんです。それが面白かったから、看板でボキャブれないかと思ってやったんです。

そうして色々やったコーナーの1つが、若手芸人がボキャブラネタを発表する「**ボ**

キャブラ発表会・ザ・ヒットパレード」だったんです。当時は、若手芸人が出られる番組はあまりなかったんですよね。若手芸人にとっては氷河期で、爆笑問題もほとんど仕事がない時代。そういう意味では『イカ天』のバンドと同じ。次から次へと若手芸人が出てきましたね。あの番組で吉本以外の事務所があることを知ったってよく言われますけど、世の中に知られていない芸人がほとんどだったから、「プロ」の証として事務所名もクレジットしたんです。

それがどんどん人気になって、1996年10月にリニューアルされた『超ボキャブラ天国』からは、「芸人ヒットパレード」だけの番組にしました。不安はなかったですよ。やっぱり爆笑問題はすごかったですね。最初から面白かったし、ネプチューンも〝来てた〟しね。でも海砂利水魚（現・くりぃむしちゅー）があそこまで行くとは思わなかった（笑）。上田と有田、すごいね～。キャラクターは違うけど、二人とも頭の構造が特別なんだよね。古坂大魔王も底ぬけAIR-LINEの一員として出ていました。だから、「ピコ太郎」でブレイクしたときは嬉しかったですよ。

若手芸人をメインにすると決断をくだしたのも菅原だった。

「あの頃は、芸人のコーナーが盛り上がってきてたんで、菅原さんが芸人だけで行こうって言い出したんです。もうそのときには確固たる信念があったんでしょうね。『山田、次から芸人メインでやるから』って。その前に撮っていたコーナーもあったんですけど、それはキッパリ諦めてシフトチェンジしたんです」(山田)

『ボキャブラ』が芸人編になってからはヒロミの力も大きいですね。ヒロミは一人一人のキャラクターを引き出していく能力にかけては天才的ですから。98年4月からは、テレビ朝日の『8時だJ』[※2]というジャニーズJr.の番組をやる時も司会でお願いしました。やっぱりJr.の一人一人もそこでヒロミにキャラクターを見つけてもらったんですよ。ここから「嵐」や数々のグループが育っていきましたから。

何回か河口湖でウォータースポーツのトレーニングをやりました。当時僕は50歳過ぎでしたが、10代の滝沢(秀明)くんや後の「嵐」のメンバーとウェイクボードで共演しましたよ。思い出ですね。

『ボキャブラ』はよく「若手芸人ブームをつくった番組」みたいな形で取材依頼とかが来るんですけど、別に芸人の番組をつくろうと思ってつくったわけではない。たまたま流れでそうなっただけ。ディレクターもホッとしたと思いますよ。だって、映像

※2　1998年から1999年までテレビ朝日で放送。司会はヒロミと滝沢秀明。嵐や関ジャニ∞(現・SUPER EIGHT)結成前の面々や今井翼、山下智久、生田斗真、風間俊介らが出演していた。

をつくるのは、本当に大変でしたから。しかも面白くなかったら全部ディレクターの責任ですから。

でも最初から、芸人のネタ頼りの番組だったら成功していなかったと思いますよ。紆余曲折あって、自然な流れでそうなったから受け入れられた。バラエティというのは、視聴者との探り合いですから。番組がうまく走り出すためには、なにかを拾ったり、膨らませたりして、修正する方向を掴まなきゃいけない。**番組は生き物なんですよ。**それをどう扱い、どう育てるかが大事なんでしょうね。

 会議そのものをコーナーにした

同じことは『アド街』でもいえます。最初は「街は商品だ」というコンセプトで、最後に街のコマーシャルをつくっていたんです。

『アド街ック天国』の番組開始から2005年10月まで約10年にわたり続いたのが、当初からのコンセプトである勝手にCMをつくるというコーナー。「あなたの街の宣伝部長」たる所以だ。

これはすべてのコーナーが終わったあとに番組の締めくくりとしておこなわれていた。

やはり〝会議〟そのものを見せるのが菅原流。愛川欽也仕切りのもと、出演者全員が「CM会議」に参加し、どのような映像にするか、何の音楽をつけるか、キャッチフレーズはどうするかを話し合った。この間、スタッフは基本的にノータッチ。もちろん台本もない。そのためオンエアではほんの数分しか使われないこの会議が1時間近くにわたることもあったという。

このコーナーで逗子につけられたキャッチフレーズ「太陽が生まれたハーフマイルビーチ」や、小田原の「板についた城下町」などは、現地で〝公式〟として使われるようになった。

虎ノ門は地図で見ると虎の形をしていて、ちょうどお尻の位置にTOTOの会社があるとか、等々力は渓谷があって、ネパール大使館があるから（当時）日本のヒマラヤだとか言いつつ、色々なコーナーをやったあと、最後に愛川欽也が議長みたいになってみんなでコマーシャル会議をやって、コピーやらどんな映像にするかを決めていくんです。

だから愛川さんの「君が出演したほうがいい」とかその場の思いつきで、ゲストがロケに行くことになっちゃったりする。マネージャーをすぐ呼んで急遽スケジュールを空けてもらうんです。マネージャーもプロデューサーも戦々恐々としてましたね。愛川さんじゃなきゃできなかったと思います。愛川さんは演出家気質で、ある種の強引さがありましたから。

ダジャレのコピーなんかもずっといいアイデアが出るまで粘ってましたから、映像をつくるのにも時間がかかる。そのうちランキングをメインにして、CM会議をなくしたら、収録がすごく速くなった（笑）。

ベスト30（現在は20）だけにしたらどんどん数字が上がっていきました。いろんなコーナーを模索してやっていくうちにシンプルになってわかりやすくなっていったんです。でも、やっぱり最初からそれではダメなんですけどね。

ランキングや紹介する街は、構成作家やディレクター、街に詳しいスペシャリストたちによる「アド街ック高感度30人委員会」なるメンバーが2週間に1回ほど集まって決めます。僕はもう抜けていますけど、長年入ってました。

やっぱりランキングにはリアリティがないといけないからそこは真剣。番組の生命線ですから。納得感がありつつ、『アド街』らしさがなければならない。リサーチ班とディレクターが足で歩いて探してきたものを発表会みたいにプレゼンしていくんです。

ひとつの街にディレクター1人、AD1人か2人が組んで、だいたい1ヶ月半くらい自分で歩いてネタを探してつくっていって、制作期間が2ヶ月半ほど。他の番組より1本をつくる期間は長いと思います。それが8班くらい並行して動いている。すべてハウフルスの社員ですね。

編集は凶器である

やっぱり、街の人から素敵な話を聞き出せるかどうかは、ディレクターの腕。そこで大事なのが人に興味を持つことだと思うんです。**人に興味のない人には、ものはつくれない。**

人はみんな面白いじゃないですか。優秀な人も面白いし、ダメな人も面白い。人の悪口を言わない人がいい人、みたいな風潮もあるけど、人の悪い部分が見えない人って、人に興味がないんですよね。興味があればいい部分も悪い部分も見えてくる。それで、今度この人と会うから、どう接していこうとか、どんなお土産持っていこうとか、そういうことを考えるのが楽しい。番組だって同じですよ。つくって終わりじゃない。『アド街』でロケをして、いよいよ放送ですとなったら、紹介したお店にどれくらいお客さんが来てくれるかなとか、取材した人の顔が思い浮かんで、放送の翌日にその街に行ってみたくなるのが当たり前だと思うんですよ。人が喜んでいる顔を見るのが、ディレクターとしての最高の喜びじゃないですかね。

やっぱり**制作者の一番のマナーは「責任」**だと思うんです。**編集権というのは、〝凶器〟**ですから。本当は免許が必要なんじゃないかとさえ思います。編集次第でその人がどんな風に映るか決まっちゃう。マイナスなイメージになってしまうかも知れない。だからこそ、出た人が喜んでくれるものをつくらないといけない。

たとえば、誰かのインタビューを1時間近く撮っても、1分程度しか使えないとする。だったら、一番いい話、一番いい表情をしたところを使わないといけない。自分がもし出る立場だったとしたら、どこを使ってほしいかを考えて編集しろ！　とはよく言いますね。**テレビに出るって、恥をかくもの**なんですよ。だから何度も言うように、カッコよく素敵に恥をかかせてあげなきゃ。その線引きをディレクターはちゃんと持っておかなければならないと思います。

やっぱりモノをつくりたいなら、若いときはなるべく得意なものじゃないこともやっておくべきだと思います。僕は割と好きなことばかりやってきたほうだとは思うけど、それでも、小さな制作会社だったから、得意じゃなかった営業とか、人に頭下げてお願いするとか、接待するとかもやりましたよ。それが今思えば良かった。

企画だってなかなか通らない。でも、**つくれない時期があった方がいいんですよ。**そのつくりたいエネルギーが溜まっていく。だから、「俺だったらこうつくる」というのを常に考えていたほうがいい。それを考えていないと、いざ仕事が来た時につくれないですから。

もし、僕が歌番組がやりたいと思って歌番組から入ってたら、歌番組しかできなくなっていたんじゃないかと思います。たとえばドキュメンタリーから入っていたら、ドキュメンタリー要素のある歌番組をつくれる。20〜30代はそうやって経験をつめばいい。**モノづくりには作り手の「人」がでますから。**

ハウフルスのカラーがあるとすれば何か、と問うと山田謙司は「菅原イズム」だと端的に答えた。「その色がすべての番組に反映していた」と。津田誠も「くだらないことを真剣にやるっていう社風ではあると思います」と菅原の精神を継承していると答え、演出家としての菅原をこう評している。

「ああいう世界観の演出家はいないですよね。唯一無二だと思います。ひとつあるのはいつも真剣なんです。真剣にふざける。でもふざけてるだけだと『そうじゃないんだ』って言うんです。抜け感とかいい加減さみたいなところはありますけど、根っこの部分が真面目なんです」

そうした気質で、いまではテレビで希少になってしまったエンターテイメントショーを生み出し続けてきたのだ。

〝みんな〟がつくった番組は面白くないですよ

僕が以前よく言っていたのは、**「右脳と左脳と別々で考えろ」**ということ。それと右脳で考えたことを左脳でブチ壊してみることも大事ですよね。

たぶん、右脳から出てくるアイデアと、左脳から出てくるアイデアは違うと思うんです。ディレクターは点で見てもいいけど、演出は点で考えるだけじゃダメで、もっと線だったり面だったり空間だったり時間だったり、いろんな方向から見て、立体的に考えないといけない。そういう意味でもいろんな経験が必要なんです。

バラエティは、時代の空気と遊ぶことだと思うんです。白紙に絵を描いていくような作業だから。ドラマやドキュメンタリーの演出は、歳を取ってもできている人は多いけど、バラエティではなかなかいないじゃないですか。それは時代の空気を読んだ上で新しい空気をつくらないといけないからだと思うんです。そういう意味では合議制というのはなかなか難しい。もちろん色んな人のアイデアがあったほうがいいけど、その上で、ある程度誰かが強引に自分の個性で持っていかなきゃならない。**〝みんな〟がつくった番組はおもしろくないですよ。テレビって、〝誰か〟がつくるものなんですよ。**

いま、テレビは芸人の遊び場みたいになっちゃっているけど、本来はディレクターの遊び場だと思うんです。世の中では誰もが楽しめるものをつくらなきゃいけないという風潮がある。それはそれで大事なんだけれども、みんなが「見たそうなもの」をつくるだけじゃダメだと思うんですよ。**自分が「見たいもの」をつくらないと。**

もっと自信を持って、どこかにディレクター魂がないと、どんどんテレビはバカにされちゃうだろうなと思います。**テレビ番組は「夢」がたくさんつまった「エンターテイメント」なんです。**もう一度、バラエティーのディレクターを、若者たちの憧れの職業にしなきゃいけないと思いますね。

僕は映像の仕事をしたいというより、テレビをつくりたくてこの世界に入ったんです。あるとき、家にテレビがやってきて、それは夢がいっぱい詰まったおもちゃ箱みたいにキラキラ輝いていました。だから僕は、いまの若い人たちよりテレビに対して思い入れがあるのかもしれない。テレビに出ている人たちは特別な人たちなんだと。だから今でも芸能人に会うとドキドキする。

テレビの時代は終わりかな、なんて言われてますけど……もっとテレビに期待しましょうよ。僕はまだまだテレビと遊びたいな、と思っているんです。黒澤明だってクリント・イーストウッドだって、80歳過ぎても90歳過ぎてもつくり続けていたんですから。

COLUMN

業界用語の基礎知識　菅原正豊

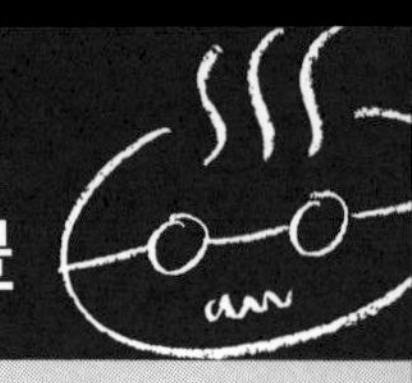

絵コンテ

画面構成の動きやセリフ、音楽SEなどをカットごとに絵で示したものをいいます。黒澤明巨匠の絵コンテは本にまでなっていますが、テレビの世界では絵コンテはあまり描きません。しかし「タモリのスーパーボキャブラ天国」では、各ネタのVTR作りは全部絵コンテ描きから始まるのです。

ネタを割りふられたディレクター（7人います）はそのネタをもとにストーリーを組み立て、絵コンテにします。それを総合演出が見て「こんなオチじゃうけないだろ！」「この展開は無理があるな！」「どこにそんな予算があるんだ！」「面白いけど、これは紙の上だけだゾ！」「絵が下手だな！」など好き勝手を言いながらチェックするのです。こうして残った絵コンテだけが晴れてロケのスケジュールに組みこまれ、作品となるのです(撮ってみてつまらないのでボツになるやつも相当ありますが)。

ただバカをやってるだけの番組だとお思いでしょうが、その裏には涙ぐましい図画の時間があるのです。　1994.9.14

エンディング

番組の最後はエンディングです。最近の番組のエンディングは簡単になっています。昔のように夕日をバックに美しい音楽をうたい上げるナレーションの中をゆっくりとロールテロップが流れる、という番組は少なくなりました。

それは視聴率との関係です。テレビがリモコンになった現在、番組は結末がわかるとチャンネルはどんどん変えられていきます。視聴率はどんどん落ちてゆくのです。結果が出た後の感動的なエンディングなんかよっぽどのファン以外は見てくれてる人はほとんどいないのです。結末が見えたら番組はすぐに「また来週！」、そこにエンディングロールを目にも止まらぬ速さで流しておしまいです。味気ないとは思いますが番組は作品ではなく商品なのです。ところで私のこの欄も昨年10月から始まって丸1年がたちました。エンディングはフェードアウトよりカットアウト！の法則に従って今回をもって終わらせていただきます。

※打ち上げは予定しておりません。　1994.9.26

「対談」

責任があるから テレるんです。

山田五郎 × 菅原正豊

山田五郎さんは、講談社の社員だった91年に『タモリ倶楽部』でテレビに初出演、以降『ボキャブラ天国』『どっちの料理ショー』『アド街ック天国』など、数々のハウフルス番組に出演してきた、いわばハウフルスの申し子的存在だ。どんな話題にも精通し、彼が出ると番組には知的な雰囲気が醸し出される。そんな山田さんと、彼が世に出るきっかけを作った〝生みの親〟菅原が語り合った。

菅原の核心は「照れ」にある

菅原　いやいや、五郎さんとは30年以上の付き合いですから、今さら話すも何も……。

山田　ないですよね（笑）。もう全部この本に書かれちゃってますし。

菅原　いつも五郎さんはすごいなと思うんです。見たこと聞いたこと、全部頭に入ったままで忘れない人なの。僕は入ってもないのに全部出てっちゃう人だから（笑）。もう頭の構造が違うんです……でも、何か新しい企画考えようと思ったときに、自分は空っぽでスキマだらけだから色々発想できる、っていい風に考えてるんですけど。

山田　俺もすぐに忘れちゃうから、収録前に慌てて準備してますよ（笑）。でも菅原さんに関しては、そもそも自分のことをあまりお話しにならないから情報量自体が少ない。

菅原　なるべく目立たないようにしてますから……。

山田　この本の大きなキーワードだと思うんですけど、菅原さんの核心は「照れ」なんですよ。昔ながらの正しい東京人は照れ屋ですから、自分語りをしたがらない。菅原さんも「照れ」がすべての根底にあって、そこが面白いところだと思います。菅原さんはよく自分が作ったものを人に見せるのは恥ずかしいと仰いますが、だったらテレビの仕事なんかやるなよって話じゃないですか（笑）。

菅原　実際はすごく見せたいのよ。うちの経理にまで「面白いでしょ？」って持っていくんだから（笑）。

山田　褒められたいんですよね。このある種、矛盾したところがポイントだと思うんです。なぜ恥ずかしいかと言うと、自分が作ったものに対して責任を感じているからですよね。

菅原　そうなんですかねえ、でも面白がってほしいんですよ。

山田　責任を感じてないと、恥ずかしくないんですよ。俺も雑誌の編集をやってきたからわかりますけど、編集原稿は恥ずかしくないんです。自分の名前が出ないし、俺一人の責任じゃないから。でもいざ署名原稿で書くとなると、やっぱりそうはいかない。これを見られるのは恥ずかしいなと照れるし、カッコよくすると逆にカッコ悪いんじゃないかと不安になるから、ついふざけちゃう。

菅原　似てるみたいですね（笑）。

山田　どうして照れるかというと、自分が書いたものとして世の中に出るからだと思うんですよね。菅原さんはそこにこだわるじゃないですか。エンドクレジットもしっかり出したい、「テレビというものは〝みんな〟が作るんじゃなくて〝誰か〟が作るんだ」と、この本にも書かれてますよね。制作会社の代表なんだけど、個人の制作者として「自分の作品なんだ」という責任感を持って仕事をやっているのが菅原さんの特徴なんじゃないかと思います。だから言い訳もなさらないですよね。

菅原　言い訳する時には（番組が）終わってますよ。

山田　テレビがおしゃれだった時代をご存じで、それに憧れてこの仕事を始めたという世代的な要因もあると思いますけど、それ以上に菅原さんの個人的な資質ですよね。それが「照れる」という言葉に象徴されていて、「バカですね」「くだらない」と言われたいのも、照れの裏返しだと思います。そのくせ、細かいことはあまり仰らないのも特徴。さっき菅原さんが「似てる」と仰ってくださいましたが、決定的に違うのはそこですね。細かいことは言わない、怒らない。俺は編集者時代その正反対でしたから。細かかったし、いつも怒ってました（笑）。

菅原　昔は細かいとこは自分でやっちゃってたのよ、ＶＴＲの編集とか、音楽とかＳＥとかね。中途半端に細かいことをされたら困るから、だったら俺が最後やるよって。

山田　「どけ、俺がやる」タイプの親方ですね。ミケランジェロと同じだ（笑）。

菅原　そこまで古いタイプでもありませんけどね。

おじいさんの設定だった「山田五郎」

菅原　今、五郎さんに言われて、そうか俺はそうだったのかと少しわかってきました。自分で自分のことをよくわかってないから（笑）。でも五郎さん、やっぱりすごかったね。だってびっくりしたもん、最初五郎さんが『タモリ倶楽部』に出てきたときは。

山田　「今週の五ッ星り」（第１章参照）というコーナーでしたね。まだ俺が講談社の社員だった頃ですよ。

菅原　お尻というものを芸術作品として見たらどうなるかと僕が考えついたわけ。お尻を品評して、最後に１ッ星とか３ッ星とかつける。やっぱり知的な人がやらないと下品になっちゃうから、誰にやってもらおうかと考えてたら、町山（広美）が「こんな人がいますよ」って。

山田　俺は確か（放送作家の）高橋洋二さんから出演の話を持ちかけられたと記憶してます。洋二さんは当時俺がいた『ホットドッグ・プレス』でよく書いていて。……その話が来る直前に、俺サイフを落としたんですよ。9万いくら入ってて、タクシーの運転手さんが拾ってくれたんだけど、金はしっかり抜かれてて。参ったなあと思ってたら、洋二さんが「出たらいくらかもらえますよ」って（笑）。

菅原　大したお金じゃないのに（笑）。

山田　でも、二本撮りでしたから（笑）。

菅原　なんで「山田五郎」で出演することになったんだっけ？

山田　俺の本名は武田ですが、ちょうどその頃「山田五郎」ってキャラを作ろうという動きがあって。コラムニストのえのきどいちろうさんが初の単行本を出すことになったんですが、出版社の偉い人に勝手にタイトルを決められちゃって困ってたんです。当時はみんなが編集部に集まってわいわい仕事してましたから、どうやったら円満に断れるかと話し合い、「そのタイトル、既にあることにしちゃいましょうよ」となったんです。そうすれば二番煎じになるから、偉い人もタイトルを変えるのを認めてくれるんじゃないかと。そこで急遽『ホットドッグ・プレス』に同じタイトルのコーナーを作ったんです。で、どうせならタイトルかぶりは著作権侵害だと訴えてきかねない面倒くさそうな架空の著者を立てようと、「大阪で中華料理屋をやってる山田五郎というおじいさん」というキャラを設定して、俺が原稿を書き、その場にいたナンシー関が消しゴム版画を彫ったんです。

菅原　すごいねえ、準備万端だね（笑）。

山田　それだけでは気がすまず、さらにリアリティを出そうとなって。当時えのきどさんとナンシーがエフエム東京でやっていた番組に、おじいさんの山田五郎として俺が出演したりもしましたよ（笑）。その時に電話でゲスト出演してくださったゴンチチのチチ松村さんは、だいぶ後まで山田五郎は大阪の中華料理屋のおじいさんだと思い込んでいたみたいです（笑）。そんな悪ふざけをしてた頃です、『タモリ倶楽

山田五郎氏

部』に出ることになったのは。だから山田五郎というおじいさんに化けて出演するために、かつらや付け髭を用意してもらっていたんですけど、現場に来た菅原さんの「いらないんじゃない？」って鶴の一声で、素顔で出演することになってしまった。つまり今テレビに出てる山田五郎を作ってくれたのは菅原さんなんですよ。

菅原 覚えてないなぁ（笑）。でも最初の収録で、これはいけると思ったからね、これは続くなと。

山田 俺はあんなに続くとは思いませんでしたよ（笑）。

菅原 お尻のコーナーは2年ぐらいやったのかな。もう今ではあんなコーナーはできませんよ。五郎さんはいろいろな美術・芸術を「エロ」で切って、でもホンモノの「変態」に失礼だからと巨匠たちをカタカナで「ヘンタイ」と呼んでますけど、僕は五郎さんこそ、ホンモノの「変態」だと思いますよ。

山田 いやいや、本物の「変態」に申し訳ないです（笑）。

菅原 僕も少しはそっちの癖はあるけれど、どちらかと言うと平仮名の「へんたい」。ワビやサビが少しある（笑）。でもあいうのに出ると会社で反響はあるものなんですか？

山田 「お前何やってんだ」って（笑）。一回限りの話だと思ってたから会社の了解なんて取っていませんでしたし。そのあと人事課や広報課に許可を取りに行っても「そんな話うちに持ってくるな」ってたらい回しにされて、ずーっとうやむやなまま（笑）。

菅原　『タモリ倶楽部』はその前から見てたんですか。

山田　普通に面白く見てましたよ。俺たち編集者は夜型で、深夜番組を見ながら仕事していたこともあって、業界視聴率はすごく高かったんですよね。あの頃は『笑っていいとも！』が始まって間もない頃で、タモリはそんなお昼の人じゃないだろう、『タモリ倶楽部』が本当のタモリだとみんな言ってました。

菅原　それまでタモリは「中洲産業大学」の教授だったからね。

山田　イグアナだし、四ヶ国語麻雀だし（笑）。とんがった人でしたからね。

菅原　『タモリ倶楽部』の現場はどうでした？

山田　びっくりしましたね。集合場所が外なんですよ。恵比寿の地図にマルが書いてあって、行ったらただの歩道だったりして（笑）。そこにロケ車が停まってるんだけど。テレ朝の会議室を使ったり、ハウフルスで収録したり、本当に流浪の番組でした。

早すぎた『哲学大王』

菅原　五郎さんには『タモリ倶楽部』以降も『ボキャブラ天国』『テンペストSHOW』『どっちの料理ショー』とか、ずいぶん出てもらって。やっぱり五郎さんに出てもらうと、番組が知的に見えるし、もう一つ乗せてしゃべってくれる。

山田　結構、出させていただいてます。ハウフルスからオファーがあったら、スケジュールがNGじゃない限り断ることはありませんから。

菅原　『アド街』がはじまったときは、今、五郎さんがいる席に泉麻人さんがいたんですよね。3年ぐらいやってもらってたんだけど、泉さんが仕事の都合で交替することになって、どうしようかと思いましたよ。五郎さんが街についてそんなに詳しいなんて思ってなかったから。

山田　実際、さほど詳しくないですよ（笑）。泉さんは本当にお詳しいけど。最初、泉さんからご連絡をいただいて、「俺そんなに街のこと詳しくないから泉さんの後は荷が重いです」と言ったんですけど、「大したこと言わなくていいから大丈夫だよ」って（笑）。

菅原　でも、お尻であれだけ喋れるんだから、街だったら相当喋れるだろうって

（笑）。それで番組では「街に詳しい山田五郎」って肩書きになってます。

山田 あんな乱暴な肩書きをつけられるとは思っていませんでしたよ（笑）。

そういえば、この本の中では『哲学大王』[※1]の話をしてないですよね。俺は好きだったんですけど。

菅原 いやいや、もう誰も知らないだろうと思って。あれは……ちょっと早すぎた？ 僕も作りながら一手足りないと思いながら作ってたんですよ。当時哲学がキタんだよね。

山田 『ソフィーの世界』（NHK出版）がベストセラーになった頃でしたよね。

菅原 それでちょうどタモリで一本何かできないかと話が来たから、『哲学大王』という番組を考えた。

山田 タモリさんも哲学科[※2]だから、割と乗り気でやってくれたんですよね。

菅原 レギュラーだったTOKIOの松岡くんもあの番組が好きで面白がってくれて。うちの会社に犬を連れてきては「人生は紫色だ」なんて「哲学話」をしてました。若い連中にも反応良かったですよ。五郎さんも何度か出てもらってたよね？

山田 ……いや、何度かじゃなくて、最初から最後までレギュラーでしたよ（笑）。

菅原 そうだっけ？ 最近忘れっぽくて（笑）五郎さんの力を持ってしてもダメでし

※1 『タモリの新・哲学大王！』（1997年、フジテレビ）。タモリが司会を務め、出演者たちが哲学的なテーマをもとにトークを繰り広げるバラエティ。菅原は総合演出。

※2 早稲田大学第二文学部の西洋哲学専修出身（後に除籍）。

菅原正豊

たか。ハリソン・フォードまで来日したときに出てくれて「人生とは」なんて語ってくれたんだけどね。伊丹十三さんや大島渚さんも出てくれたし。

山田　僕はパネラー的な立ち位置でしたね。毎回「お金」「青春」「命」とかテーマがあって、それについてトークする。けっこうファンもいたんですよ。今でも覚えてるんだけど、ＪＡＬの国際線のＣＡさんにめちゃめちゃ『哲学大王』の話をされて……手ごたえ感じてたんだけどな（笑）。

菅原　ああいう番組が長く続くとテレビは面白いんですけど。ちょっと責任を感じますね。

テレビは死ぬほど面白かった

山田　菅原さんって大学以降の話はよくされますけど、中学高校時代のことは柔道の話ぐらいしか聞いたことがないような気がします。

菅原　中学高校は柔道一筋ですから。

山田　ふつう中学高校で柔道やってたような人は、大学で「商業美術研究会」に入ったり、桑沢（デザイン研究所）の夜学に通ったりしませんよね。

菅原　僕もそう思います（笑）。

山田　そのへんはどういう風の吹き回しだったんですか。

菅原　「菅原は小学校も中学校も教室でずっとマンガ描いてた」ってみんな言うぐらい、もともと絵を描くのは好きだったんですよ。でも、今考えてみると、僕の柔道はデザインや番組制作の世界に似ていた気がする。決して体育会系の根性路線じゃなくて、どうカッコよく試合をして、オシャレな技で勝つか、がテーマだった。でもそんな考え方じゃそれ以上強くなる訳ありませんよね（笑）。それでやめたんだけど、サラリーマンになる気は全くないし、絵の道に進むのもどうかなと。そんなときにテレビに出会ったんですよ。やっぱりテレビづくりは……死ぬほど面白かった。

山田　最初が『11PM』ですからね。

菅原　ドラマやバラエティで入ってたら違ってたかもしれない。桑沢に行ったりしててトレンドのことも知ってたから「菅原、今何がきてる?」と聞かれてもだいたい答えられたし、それでけっこう色々任せてもらえたんです。

山田　横尾忠則さんや宇野亞喜良さんとかが出てきて、画家よりイラストレーターやグラフィックデザイナーの方がかっこよかった時代でしたよね。

菅原　最近亡くなった久里洋二さんもいつも月曜の『11ＰＭ』にいたんですよ。久里さんのアニメーションコーナーが毎週あったから。漫画家の小島功さんが毎週水曜日にいたのかな。面白い時代でしたね。

山田　菅原さんが『11ＰＭ』をやっていらした頃が、テレビが一番いい時代の最後だったのかもしれないですね。クレイジーキャッツの時代ともまた違う、ちょっとカルチャーが入ってきた頃。伊丹十三さんとかサブカルの人たちに脚光を当てたのもイレブンでした。

コーナーには理由がある

菅原　２０２５年には、『アド街』が30周年になるんですよ。五郎さんは何年やってることになりますか?

山田　27年です。この前も思い出の回を教えてくださいと聞かれたんだけど、27年分もあるんだから勘弁してくれと（笑）。膨大な記憶を掘り起こして印象に残っていたひとつは、浅草駒形の大嶋屋恩田という提灯屋さんですね。『アド街』はなんせ30年もやってるので同じ街やお店が何度か登場することもあるのですが、大嶋屋さんを最初に紹介したときには後継ぎがいないという話でした。だけど娘さんが収録中に突然、「私が継ぐ」と言い出すんですよ。その時、親父さんが提灯に字を書きながら、本当は嬉しいだろうにぶっきらぼうに「いいんじゃないの」と呟く感じがすごくよくて。で、次に取材したときにはその娘さんの結婚相手が入り婿に入ってくれていて、さらに子供が生まれて次の跡継ぎ候補ができたところまで、3世代に亘る家族の歴史を紹介できたことにも感動しました。

菅原　そういうのはいくつかありますね。麻布十番の蕎麦屋の「更科堀井」の後継ぎも、最初番組で取り上げたときは子どもだったのが、今は社長やってるからね。二人の子どもで、一人が経営のトップで、一人が蕎麦打ち職人のトップ。こないだ行ったら、彼らのおやじが現代の名工に選ばれて表彰されたって。

山田　そういうのは本当に嬉しいですよね。ハウフルスの番組は長く続くのが多いから。30年の積み重ねは番組に対する信用になっていると思いますよ。

菅原　『ケンミンSHOW』がもうすぐ20年かな。『ケンミン』は同じ読売テレビの

『テンベストSHOW』『どっちの料理ショー』の流れで始まった番組ですね。『どっち』も10年続きました。

山田 菅原さんはいまだに現場にいらっしゃいますよね。会長がこれほど現場に顔を出す制作会社も珍しい（笑）。社員はめんどくせえなと思ってるかもしれないけど、俺たちは菅原さんがいるとやっぱり嬉しいし、安心します。『アド街』の収録も毎回必ずいらっしゃいますもんね。

菅原 だって『アド街』の「百景」[※3]とかは僕の考えたものだから、現場で見たいんですよ。

山田 そのために来てるんですか？ 編集のときにも見れるでしょう？

菅原 もう編集なんてしてませんよ（笑）。番組で店や建物ばかり取り上げると、街そのものが見えてこないのよ。どこも同じように見えてしまう。やっぱり、空があって緑があって人がいての街だから。「百景」は、それらをテンポよくつないで、街全体が見えるようにしようよと、朝から夜までその街の一日を見せるコーナーとして作ったんです。数字はどうかわからないけど、意外と人気のコーナーになってきました。

山田 あれってそんな建設的な理由で作られたんですか。

菅原 そうですよ、僕が考えるのは全部建設的な理由なんですから（笑）。

※3　2023年に開始、現在も続くコーナー。その街の人や風景、スポットを1か所につき約1秒、早朝から夜までを描くように「百景」として紹介する。

山田　いつもたくさんＶＴＲを撮ってるのに使わないのはもったいないという節約精神で始まったんだろうと思ってましたよ（笑）。

菅原　それがですね、そういう発想はないんですよ。「百景」の映像はそのためだけに撮ってるんですから。やっぱりその「街」としての魅力を見せたい、というところからですよ。

山田　それは失礼いたしました（笑）。菅原さんのもう一つの東京人らしい特徴として、「ケチくさいことはしない」っていうのもありましたよね。

菅原　それはあるかもね。「もったいないから、ついでにこれも撮っちゃおう」はあんまりない。

山田　俺みたいなケチくさいことは考えない（笑）。

菅原　昔やっていた「コレクション」のコーナー[※4]も、女の子のファッションは街によってみな違う、ファッションから街を見せようという発想から始まってるんですよ。でも「なぜ女性だけなんだ」と言われ出して、そんなことだったらって、やめることにしちゃった。

山田　時代が変わっても、その中でできることを考えてくれるから、まだこういう人には現場で頑張ってもらわないと困ります。

※4　1995年の番組初回から続いた名物コーナー。パティ・オースティンの『Kiss』のBGMに合わせてその街の女性が次々と登場し、約60人のファッションを紹介する。

『11PM』の現代版を

菅原　今振り返っても僕が作った番組は、よくこんな企画通ったなってものばっかりですよ。『アド街』だって「東京の街しか取り上げない番組」として始まったし、いまならこんな企画絶対通らないよね。

山田　MXでもダメかもしれませんね（笑）。

菅原　ダジャレで番組ができないかというのが『ボキャブラ』だしね。そこからどういう番組にしていくかという問題はあるんだけど、最初は、「他にないものを考えよう」って発想からなんですよ。

山田　でも、ものづくりって基本はそうですよね。逆に今は「他で当たった企画に乗っかっていこう」ですよ（笑）。

菅原　でも、それって保険かけてるわけだし、それやってたら作り手はバカにされちゃいますよ。

山田　需要がないから新しいことをやらないとみんな言うけど、もしかしたら逆で、やらないから需要が起きないんじゃないか、という気もしますけどね。同じような番組ばかりあってもしょうがないですよ。

菅原　やっぱりテレビはディレクターの遊び場じゃないと……。好きなものをやってみろ、ダメだったらそれでいい。そこから個性的な番組が生まれると思うんだけどね。そうなったらテレビはもうちょっと変わると思うけどね。

山田　年寄りが勝手に若者のことをこうだと決めつけて、その結果、若者に敬遠されているわけですよ。人ってそんなに変わらないから、みんなで文化祭みたいにワイワイ作るのって、そういう場や経験がなかったりするだけで、今の若い人も普通に楽しめるはずだと思いますよ。テレビや雑誌をつくるのも、やれば楽しいし、ヒットしたときの快感も昔と同じだと思うんですけどね。

菅原　この本を読んで、そんな企画でもいいんだ、こんな作り方でもいいんだ、と思ってくれたら嬉しいですね。僕は誰の弟子でもなくて、『11PM』のADから社長になってるから、ものの作り方を教わってない、ぜんぶ自己流なんです。こんなことやったら面白いかな?から考えていたテレビ人生だから、それでこんなになっちゃった。師匠はいないけど、『11PM』という番組が先生だったんですよ。

山田　菅原さんにはぜひまた『11PM』みたいな番組を作ってほしいです。

菅原　そうですね……そういうのはやりたいですね。テレビから時代が生まれてくるような、深夜のエッチな番組を。

山田　今って文化的なトレンドを紹介する番組がないんですよ。『11PM』は美術の最先端も取り上げていましたよね。美術や音楽のアクチュアルな動向を紹介する番組なんて需要がないと言われるかもしれないけど、あったらあったでそれなりに役に立つはずで、望まれてることなんじゃないかと思うんですよ。文化を活性化するためにも。

菅原　やれたらいいですね。現代版『11PM』ができるまでは、五郎さんも元気でいてくださいよ。それはもう、五郎さんの世界ですから、ホッホホ。

（2024年12月16日、山田五郎事務所にて収録）

山田五郎　やまだ・ごろう（編集者・評論家）

1958年東京都生まれ。上智大学文学部在学中に、オーストリア・ザルツブルク大学に1年間遊学し西洋美術史を学ぶ。卒業後、講談社に入社。『Hot-Dog PRESS』編集長、総合編纂局担当部長等を経てフリーに。現在は時計、西洋美術、街づくりなど幅広い分野で講演、執筆活動を続けている。著書に『百万人のお尻学』（講談社＋α文庫）、『知識ゼロからの西洋絵画入門』（幻冬舎）、『ヘンタイ美術館』（ダイヤモンド社）、『闇の西洋絵画史』（全10巻、創元社）、『めちゃくちゃわかるよ！印象派』（ダイヤモンド社）ほか多数。TV『出没！アド街ック天国』（テレビ東京）、ラジオ『山田五郎と中川翔子のリミックスZ』（JFN）ほかにレギュラー出演中。

写真：菅野健児
スタイリスト（山田五郎）：小野塚雅之

構成者あとがき

伊集院光がパーソナリティを務める深夜ラジオ『伊集院光　深夜の馬鹿力』（TBSラジオ）に「新・勝ち抜きカルタ合戦 改」という投稿コーナーがあります。新たなカルタを創作するための読み札を考える企画で、毎週2つのカルタのお題が競い合い、リスナー投票によって勝敗が決まる。勝ち残ると「あ行」の翌週は「か行」のように続き、「わ行」まで行くと、そのカルタは「あがり」です（負けると控えカルタと交代となるが募集は続けられる）。

そんなカルタのお題のひとつに「タモリ倶楽部企画カルタ」というものがあります。惜しまれつつ終了した『タモリ倶楽部』が、もし復活したらどんな企画をやるかを考えるカルタです。

たとえば、こんな投稿がありました。

【え】エロ漫画の擬音の遍歴を読み解く「擬音祭り」
【か】勝手にＡＩがセンシティブな画像と判定する貝の画像を撮ろう
【く】クイズの正解・不正解音の新バージョンを考えよう
【さ】再現ドラマはこの人！　エキストラ事務所のサイトから自分の再現役者を探そう
【し】ジャイアンツ帽で秋のオシャレコーデを台無しに

いかにも『タモリ倶楽部』でやりそう！　と思うと同時に、そのほとんどが『タモリ倶楽部』以外のテレビ番組では成立しないであろうという企画ばかりです。いかに『タモリ倶楽部』がテレビの中で稀有な存在だったかがわかります。そして遊び心に満ちたハウフルス的思考が面白いという価値観が、僕らに染み付いているのだなと改めて思います。ハウフルスが体現する〝遊び〟は、僕らが見えている世界を豊かにしているのではないかと思います。

そのハウフルス的思考の核となっているのは、もちろん菅原正豊さんに他なりません。照れくさがる菅原さんの頭の中を覗き込みながら、素敵に恥をかいてもらえるよう、あまりしたがらない過去の話をたくさんしていただきました。けれど過去を語っているようで、気づけば、現在にこそ響く話で痺れっぱなしでした。たとえば「そこまでやっているから、誰かが何かを言ってきても、『あれでいいんです。大丈夫です』って自信を持って言える。人に任せちゃったら、文句を言われたときにちゃんと説明できずに謝るしかなくなっちゃいますからね」という言葉は、昨今の周囲の声に萎縮しがちな風潮に深く刺さります。菅原さんは〝戦う〟人なのです。それも飄々と笑いながら、遊び心を忘れずに。

菅原さんはもちろん、取材にご協力いただいた、町山広美さん、津田誠さん、山田謙司さん、資料をご提供くださった小口めぐみさんはじめハウフルスに感謝申し上げます。そして山田五郎さんに巻末対談をお引き受けいただいたことで本書の最後のピースがハマった感じがしました。わかり合っているお二人の対話はとても心地良く刺激的で、こんな〝大人〟になりたいと強く思いました。

また『新潮45』でのルポの際に取材させていただいた小杉善信さん、海老克哉さん、小山薫堂さん、菊池仁志さん、高浦康江さんの視点も本書において欠かせないものでした。その『新潮45』時代から担当編集として並走してくださった出来幸介さんの情熱とハウフルス愛なくして、本書は実現していなかったと思います。

何より、本書を手にとってくださった方々に心より感謝いたします。本当にありがとうございました。

2025年1月

戸部田　誠（てれびのスキマ）

エンディング、のようなもの

菅原正豊

皆さん、どうも、どこまでまじめに読んでいただけたか、わかりませんが、ここまで到達していただいて、ありがとうございます。

なんだか立派な本になってしまって、照れますが……。


この仕事と出会って、もうすぐ60年、いろいろやってまいりました。

この本に書いてあることはほとんど、まあ、そこそこうまくいったような仕事ばかりです。でも、実はそれほどでもなかったものも、その数倍、山ほどあるんです。

でも、でも、でもですね。

エンディングさえ、きれいに決まれば、すべて帳消しです。

思い出のシーンが次々とカットバックして……。

BGMは「ザ・バンド」のリヴォン・ヘルムがフラットマンドリンで弾く『ラスト・ワルツ』がいいですね。

ロールテロップ（我々のころは長い巻紙でした）が流れ出します。

後半はやっぱりお尻のカットバックですね。

そこに出会った人達の名前が次々と浮かんでは消えていって……。


そして、最後のステキなお尻に決まる文字は、

「完」ではありません。

「つづく」にしておきます。

そんな訳で、出会ったすべての方々に一言。（最近、書道もやってます）

※戸部田誠さん、出来幸介さん（大和書房）、ありがとうございます。
あなたたちのおかげで、こんな本が出来上りました。

ハウフルス タイトルデザイン コレクション

\ 出没!!おもしろMAP /

（テレビ朝日）1977～

デザイン：井上嗣也

初の自社制作番組。
いろんな街にSHOOT BOTT!!
タイトルはアニメで作りました。

\ MERRY X'MAS SHOW /

（日本テレビ）1986, 87

デザイン：太田和彦

居酒屋探訪の太田和彦氏は当時、資生堂の名デザイナーでした。
あの頃から食と酒を語ってました。

\ タモリ倶楽部 /

（テレビ朝日）1982～

デザイン：MASA-TOYO

たくさんのお尻と共演したロゴです。
40年の歴史の中で1つだけ男性のお尻があったこと、ご存じですか？

\ クイズ世界は SHOW by ショーバイ /

（日本テレビ）1988 ～

デザイン：井上嗣也

この時代は、この番組の数々のロケ隊が毎日地球上を動き回ってました。

（テレビ朝日）1987 ～

ハウフルス史上最低予算番組。
演歌が ENKA。バカでポップでくだらない、深夜の最高傑作です。

\ 24 時間テレビ /

（日本テレビ）1992

デザイン：浅葉克己

巨匠浅葉さんにお願いしたタイトルです。浅葉さんは一時桑沢デザイン研究所の所長をされていました。

\ 平成名物 TV いかすバンド天国 /

（TBS）1989 ～

デザイン：東泉一郎

1989 年 2 月「平成」の時代は、この「イカ」から始まりました。

\ THE 夜もヒッパレ /

（日本テレビ）1994～

デザイン：浅葉克己

「見タイ、聞きタイ、歌いタイ!!」でズド～ンとこのロゴが落ちてきました。

\ タモリのボキャブラ天国 /

（フジテレビ）1992～

デザイン：井上嗣也

鬼才・井上嗣也、渾身の一筆書きです。

\ 出没！アド街ック天国 /

（テレビ東京）1995～

デザイン：井上嗣也

今年で30周年。「街は商品だ」で、初期は毎回最後にその街のCMを作ってました。

\ チューボーですよ！ /

（TBS）1994～

デザイン：井上嗣也

タイトルも「星3つです！」

\ タモリの新・哲学大王！ /

（フジテレビ）1997～

デザイン：井上嗣也

「人生とは」「幸せとは」「恋愛とは」「男とは」「女とは」「嫉妬とは」「結婚とは」「仕事とは」「才能とは」「お金とは」「老いとは」「死とは」

\ どっちの料理ショー /

（日本テレビ）1997～

人間の生理を考えて企画した番組です。

\ BS 11PM /

（BS 日テレ）2000～

2000年にデジタル放送が始まったことを記念してBS日テレ23時から放送開始。「11PM」のロゴは昔のイメージです。

\ 8時だJ /

（テレビ朝日）1998～

1998年4月から始まったジャニーズJr.がメインのバラエティ。
みんな可愛かった。みんなステキでした。

\ザ・今夜はヒストリー/

（TBS）2011～

歴史が動いたあの時に「ワイドショーがあったら」という発想で遊んでみました。画期的な企画でしたが。

\秘密のケンミンSHOW/

（読売テレビ）2007～

2007年から始まって18年。
大阪の人はキュウリを渡すとマイクにして喋り出します。

\顔面手帖「いい気なスガワラ」/

1991

作・ナンシー関

ATP賞受賞でナンシーさんからプレゼントされたケシゴム版画。
この頃はまだヘビースモーカーでした。

\三世代比較TV ジェネレーション天国/

（フジテレビ）2013～

「マンゴー世代」（現代）「キウイ世代」（バブル期）「バナナ世代」（創成期）、3世代を比較しながら時代をエンターテイメント。

菅原正豊＆ハウフルス　主要制作番組年表

年（レギュラー放送開始日）	年齢	番組名・出来事	テレビ局	主な出演者	菅原正豊クレジット
1946年	0	東京都世田谷区出身			
1964年	18	慶應義塾大学法学部入学 在学中から「桑沢デザイン研究所」夜間部で学ぶ			
1967年	21	大学3年の春から『11PM』にADとして関わる	日本テレビ	小島正雄、大橋巨泉	AD
1973年5月	27	企画会社「株式会社フルハウス」を設立			
1977年10月～79年3月	31	初の自社制作番組『出没!!おもしろMAP』放送開始	テレビ朝日	清水國明、クーコ、ムキムキマン	企画・演出プロデューサー
78年9月	32	「ハウフルス」の前身となる制作会社「株式会社フルハウステレビプロデュース（フルハウスT.V.P）」設立			
82年10月～2023年3月	36	『タモリ倶楽部』	テレビ朝日	タモリ	演出（開始当初。のちに企画）
84年3月	37	「カフェバー・フルハウス」オープン			
84年	38	ビデオ作品『愛のさざなみ』（監督藤田敏八）		中村れい子	プロデューサー
84年春頃		造反により社員がほぼいなくなる			
84年10月～85年1月		『ライヴ・ロックショウ』	テレビ東京	NOKKO	プロデューサー
84年10月～86年3月		『TV海賊チャンネル』	日本テレビ	所ジョージほか	プロデューサー
84年10月～87年3月		『愛川欽也の探検レストラン』	テレビ朝日	愛川欽也	プロデューサー・演出
84年11月、12月		「ラーメン大戦争」3部作			
85年5月	39	「フランスシェフ日本素材に挑戦」2部作			
85年10月、11月		「駅弁大計画・元気甲斐」4部作			
86年8月、9月	40	「番組が作るレストランたべたか樓」3部作			
85年11月		映画『タンポポ』（伊丹十三監督）公開			

年月		番組・出来事	放送局	出演	担当
86年12月、87年12月		特別番組『メリー・クリスマス・ショー』	日本テレビ	桑田佳祐、松任谷由実ほか	プロデューサー・演出
87年4月〜94年3月	41	『ENKA TV』	テレビ朝日	佐々木勝俊、曽根幸明	企画演出
87年4月〜9月		『POOL 1987』	テレビ朝日	堺正章	企画演出
87年10月〜88年9月		『出没!!玉突き』	日本テレビ	堺正章	企画演出
87年10月〜		『なんてったって好奇心』	フジテレビ	逸見政孝	演出
		「10月改編の裏側」			
		日本の10人シリーズ「寿司職人」「洋食職人」「天ぷら職人」「和菓子職人」「東洋医学」			
88年4月〜88年9月	42	『ニュースバスターズ』	フジテレビ	露木茂	演出
88年10月〜96年9月		『クイズ世界はSHOW by ショーバイ!!』	日本テレビ	逸見政孝ほか	プロデューサー
89年2月〜90年12月	43	『平成名物TV いかすバンド天国』	TBS	三宅裕司	演出
		『特別番組　スーパータイムスペシャル』	フジテレビ	露木茂、安藤優子	演出
90年4月〜94年3月	44	『EXテレビ』	日本テレビ	三宅裕司ほか	演出
90年4月〜94年3月		『夜も一生けんめい。』	日本テレビ	逸見政孝ほか	プロデューサー
90年10月〜99年9月		『マジカル頭脳パワー!!』	日本テレビ	板東英二ほか	プロデューサー
		『今夜は！好奇心』	フジテレビ	愛川欽也	演出
		日本の10人シリーズレギュラー企画「ラーメン」「ステーキ」「カレー」「とんかつ」「ギョーザ」「ケーキ」「甘味処」「漬物」「パン」「そば」			
91年3月〜94年10月	45	『芸能人ザッツ宴会テイメント』	日本テレビ	逸見政孝、堺正章ほか	総合演出
91年4月〜現在		『ミュージックステーション』	テレビ朝日	タモリ	スーパーバイザー（企画ブレーン）
91年9月		社名を「株式会社ハウフルス」に改め、麻布十番へ移転			

92年4月～93年3月	46	『講演大王』	日本テレビ	タモリほか	企画演出
92年8月、93年8月		『24時間テレビ　愛の歌声は地球を救う』	日本テレビ	ダウンタウン	総合演出
92年10月～99年10月		『タモリのボキャブラ天国』	フジテレビ	タモリ、ヒロミ	総合演出
93年6月	47	ATPテレビグランプリ特別個人賞受賞			
94年4月～95年3月	48	『夜もヒッパレ一生けんめい』	日本テレビ	徳光和夫、三宅裕司	演出
94年4月～16年12月		『チューボーですよ！』	TBS	堺正章	演出（のちに企画監修）
95年4月～02年9月	49	『THE夜もヒッパレ』	日本テレビ	三宅裕司、中山秀征	総合演出
95年4月～現在		『出没！アド街ック天国』	テレビ東京	愛川欽也→井ノ原快彦	総合演出（現在は監修）
95年10月～96年9月		『輝け！噂のテンベストSHOW』	読売テレビ	関口宏、三宅裕司	総合演出
97年4月～06年9月	51	『どっちの料理ショー』	読売テレビ	関口宏、三宅裕司	総合演出（のちに監修）
97年4月～9月		『タモリの新・哲学大王！』	フジテレビ	タモリ	総合演出
98年4月～99年9月	52	『8時だJ』	テレビ朝日	ヒロミ、滝沢秀明	演出
98年6月		放送文化基金「個人賞」受賞			
99年11月11日	53	『11PM11回忌法要スペシャル』	日本テレビ	大橋巨泉、愛川欽也、藤本義一、安藤孝子、朝丘雪路	総合演出
00年12月～04年	54	『BS11PM』	BS日テレ	おちまさと他	プロデューサー
07年10月～現在	61	『秘密のケンミンSHOW』	読売テレビ	みのもんた、田中裕二、久本雅美	監修（23年3月まで）
11年4月～12年8月	65	『世紀のワイドショー！ザ・今夜はヒストリー』	TBS	関口宏	企画演出

13年1月～14年3月	67	『三世代比較TV ジェネレーション天国』	フジテレビ	今田耕司、山下智久	企画演出
14年4月	68	桑沢デザイン研究所「桑沢スピリット賞」受賞			

菅原 正豊（すがわら まさとよ） 「ハウフルス」代表取締役会長

1946年東京生まれ。慶應義塾大学在籍中、ADとして『11PM』に参加。1973年企画会社「フルハウス」設立、78年テレビ制作会社「ハウフルス」設立。『出没‼おもしろMAP』制作以降、『タモリ倶楽部』（テレビ朝日）、『愛川欽也の探検レストラン』（同）、『メリー・クリスマス・ショー』（日本テレビ）、『平成名物TVいかすバンド天国』（TBS）、『夜も一生けんめい。』（日本テレビ）、『24時間テレビ』（同、1992-93年）、『夜もヒッパレ』（同）、『ボキャブラ天国』（フジテレビ）、『出没！アド街ック天国』（テレビ東京）、『チューボーですよ！』（TBS）、『どっちの料理ショー』（読売テレビ）、『秘密のケンミンSHOW』（同）などの番組で、「代表取締役演出家」として企画・演出を務める。1993年、第10回ATPテレビグランプリ特別個人賞、98年第24回放送文化基金賞個人賞受賞。

構成：**戸部田 誠**（とべた まこと）（てれびのスキマ）

1978年生まれ。ライター。テレビ番組や芸人論などをテーマに執筆。著書に『タモリ学』『1989年のテレビっ子』『笑福亭鶴瓶論』『全部やれ。日本テレビ えげつない勝ち方』『史上最大の木曜日』『フェイクドキュメンタリーの時代』『芸能界誕生』など多数。

ＪＡＳＲＡＣ 出2500105-501

「深夜」の美学

『タモリ倶楽部』『アド街』演出家のモノづくりの流儀

2025年 3月 25日 第1刷発行

著者 菅原 正豊
構成 戸部田 誠
発行者 佐藤 靖
発行所 大和書房
東京都文京区関口1-33-4
電話 03-3203-4511

カバーデザイン 杉山健太郎
カバーイラスト FUJIKO
本文デザイン 二ノ宮匡（nixinc）
写真・資料提供 ハウフルス
DTP マーリンクレイン
校正 円水社
編集 出来幸介
本文印刷所 中央精版印刷
カバー印刷所 歩プロセス
製本所 小泉製本

ISBN978-4-479-39446-4

https://www.daiwashobo.co.jp